NETZWERK

Beratung · Strategie · Partnerschaften · Kooperationen

VERTRIEB
LEBEN
— UND —
LIEBEN

Oliver Frey und sein
NETZWERK

von Oliver Frey

edition winterwork

Bibliografische Informationen der Deutschen Nationalbibliothek: Die Deutsche Nationalbibliothek verzeichnet diese Publikation in der Deutschen Nationalbibliografie. Detaillierte bibliografische Daten im Internet über http://www.d-nb.de abrufbar.

Impressum

Autor: Oliver Frey
»Vertrieb leben und lieben –
Oliver Frey und sein NETZWERK«
www.edition-winterwork.de
© 2023 edition winterwork
Alle Rechte vorbehalten.
Fachliche Unterstützung: Reinhold Kober
Gestaltung & Satz: edition winterwork
Lektorat: Carolin Kober
Umschlaggestaltung: Kolja Fleischer
Fotografie: Peter Schlipf
Bildrechte: NETZWERK Frey
www.netzwerk-frey.de
Druck und Bindung: winterwork Borsdorf

ISBN 978-3-96014-977-4

Inhaltsverzeichnis

Vorwort

Das NETZWERK ist für Oliver Frey, meinen Vater, das Maß aller Dinge. Es ist sein Lebenswerk, auf das er stolz ist. Es ist aber eben auch sein Lebensmittelpunkt. Kein Grund, sich zu beklagen. Denn heute freue ich mich riesig, zusammen mit meinem Cousin Jannik unsere ersten Schritte in diesem NETZWERK zu gehen. Und irgendwann, davon sind wir beide überzeugt, werden diese Schritte größer. Sie werden einen eigenen Fußabdruck hinterlassen. Aber die Fußstapfen, in denen wir derzeit noch laufen, wurden zweifelsohne von Riesenschuhen gespurt. Mein Vater ist ein selbstbestimmter Mensch. Aber er ist auch ein Mensch, der bereit ist, Vertrauen zu schenken. Jannik und ich spüren dieses Vertrauen. Beispielsweise beim Thema Personalsuche für die NETZWERK Partner.

Natürlich ist es für uns nicht einfach, gestandenen Unternehmern, die wirklich verdammt viel geleistet haben in ihrem Berufsleben, auf Augenhöhe zu begegnen. Wir spüren aber ihre Wärme, die Herzlichkeit, wie sie auf uns aktiv zugehen. Auch in diesen Unternehmen wachsen neue, jüngere Generationen heran. Ich freue mich auf den Austausch. Auf das, was vor uns liegt.

In der Personalsuche, die immer anspruchsvoller wird, können Jannik und ich uns beweisen. Ich bin froh darüber, dass mein Vater uns explizit ermutigt, hier unsere eigenen Ideen einzubringen, neue Wege einzuschlagen. Ich kann ehrlich sagen, dass ich an dieser Aufgabe meinen Spaß gefunden habe.

Ich bin 22 Jahre jung und schreibe gerade an meiner Bachelor Thesis für den Abschluss als Wirtschaftsingenieur. Bis jetzt war ich bei zwei großen NETZWERK Veranstaltungen dabei, in Heidenheim und Rosenheim. Ich denke, Jannik und ich sind schon ganz schön tief eingetaucht und wurden mit offenen Armen von allen Partnern aufgenommen.

Es ist jedenfalls beeindruckend für uns, diese Welt in unserer Fensterbaufamilie zu erleben, diese besondere Energie zu spüren. Es gibt auch andere interessante Veranstaltungen und Fachmessen in der Branche, die Jannik und ich schon mit unserem NETZWERK aktiv begleitet haben. Aber ich denke, dieses Familiäre, Persönliche – das ist wirklich das, was das NETZWERK ausmacht. Und was man auch nicht kopieren kann. Ich sehe, wie sehr mein Vater als Ratgeber gefragt ist. Hinsichtlich des Vertriebs, aber auch aller anderen Prozesse in den Unternehmen der Kooperations- und Fensterbaupartner. Aber das ist es nicht allein. Manchmal, während der NETZWERK Events, fühlt es sich so an, als würden sich Freunde am Wochenende treffen. Ich denke einfach, das ist einzigartig.

Die Leidenschaft meines Vaters habe ich früher natürlich aus einer anderen Perspektive erlebt. Da ist es schon mal vorgekommen, dass er beim gemeinsamen Fußballspielen plötzlich unterbrechen musste, weil sein Handy geklingelt hat. Das war und ist nun mal sein Credo. Für meine Kunden bin ich erreichbar. Punkt. Als junger Mensch versteht man das nicht immer auf Anhieb.

Heute sehe ich es mit anderen Augen. Denn mit dieser Hingabe hat mein Vater das NETZWERK geschaffen. Ich bin da ganz ehrlich: Das war – und ist es in großen Teilen immer noch – eine

One-Man-Show mit Unterstützung von Tanja und der Familie. Das, was er erreicht hat, ist nicht vom Himmel gefallen. Sein Arbeitspensum ist außergewöhnlich. Tatsächlich kam und kommt es immer wieder vor, dass er abends um 20 Uhr, wenn ich ihn anrufe, noch im Büro sitzt. Da heißt es dann auch mal: „So zwei bis drei Stunden habe ich heute noch." Und am nächsten Morgen ist er um 6 Uhr wieder unterwegs zum Kunden.

Ich weiß nicht, wie viele Menschen das so machen können. Was ich weiß, ist, die Begeisterung meines Vaters für das NETZWERK ist ansteckend. Ich freue mich wirklich die nächsten Jahre darauf, diese Aufgabe mit Jannik zusammen mit ihm zu teilen. Und ich weiß sehr wohl, wie wichtig es ist, diese emotionale Verbundenheit zu den Partnern aufzubauen. Aber, wie ich schon gesagt habe: Jannik und ich, wir sind da guter Dinge. Einfach weil in den Unternehmen nach und nach auch die nächste Generation an Führungskräften heranreifen wird. Wir freuen uns sehr darauf, mit der gleichen Leidenschaft daran zu gehen, mit ihnen gemeinsam die Erfolgsgeschichte im NETZWERK fortzuschreiben. Wir werden mit der Unterstützung von unseren NETZWERK Partnern auch die Gelegenheit nutzen, immer wieder mehrere Tage in diesen Unternehmen zu verbringen, um Praxiserfahrung zu sammeln und noch tiefer in die Branche einzutauchen.

Dabei ist mir schon wichtig, dass es nicht darum geht, das, was mein Vater aufgebaut hat, zu verwalten. Es ist durchaus auch mein Anspruch, Zusammenarbeit, unsere Leistungen und die damit verbundenen Aktivitäten weiterzuentwickeln. Rein nur zu stagnieren, das, was er geschaffen hat, einfach zu übernehmen, das ist nicht mein Anspruch und würde mich nicht zufriedenstellen. Dabei ist mir vor allem Offenheit wichtig für die Belange und Bedürfnisse unserer Partner. Von mir, so viel ist in den nächsten Jahren sicher, können sie kein Coaching zu Vertriebsstrategien und erst recht nicht zu Profilsystemen bekommen. Doch dafür habe ich im Blick, welche Möglichkeiten es gibt, um durch andere Tools Vorteile für unsere Partner zu generieren. Das betrifft Vertrieb, Marketing und Personal.

Diese Offenheit, die wichtig ist, um sich weiterzuentwickeln, die schätze ich auch an meinem Vater. Im Coaching ist das natürlich genau der Ansatz, der die Unternehmen voranbringt: Denn er hat nicht nur unglaubliche Vertriebserfahrung, er spricht Themen klar an. Und seien wir ehrlich: Nur so geht es. Wer sich immer in Ausreden flüchtet, wird keine Fortschritte erzielen.

Entsprechend sagt er auch den Teilnehmern an seinen Vertriebscoachings genauso, was er erwartet, wie er das bei Jannik und mir tut. Gleichzeitig hört er sich andere Meinungen in der Diskussion immer an. Und, was vielleicht das Wichtigste ist: Hinterfragt sich auch selbst. Für Jannik und mich sehe ich das, was wir in der Zusammenarbeit lernen können, ganz ehrlich als Glücksfall an. Wir fühlen uns bereit! Aber wir wissen auch, dass es ein Weg ist, der immer wieder fordernd sein wird – und auf dem wir gelegentlich an einen Punkt gelangen werden, an dem uns das bisher gesammelte Wissen und die während des Studiums erworbenen Fähigkeiten alleine nicht zur Lösung führen werden. Denn, auch das habe ich mitgenommen: Unternehmer zu sein, das heißt, neue Antworten finden zu müssen.

Im Kern allerdings, und das steht für mich im Vordergrund, bietet es die Chance, wirklich selbstbestimmt das zu tun, was zum gewünschten Ergebnis führt. Das bestimmt der Einzelne für sich: Deshalb nützt es auf Sicht nichts, jemanden zu simulieren. Dazu kommt, dass das, was mein Vater eingebracht hat, um sein Lebenswerk, sein NETZWERK zum Erfolg zu führen, für einen alleine schwerlich zu stemmen ist. Ich spüre einfach, dass es mit Jannik und mir gut funktioniert und dass wir als Team eine Menge auf die Beine stellen können. Dann werden wir weiterhin für unsere Partner die richtigen Dienstleistungen platzieren, um ihnen einen echten Mehrwert im NETZWERK bieten zu können.

Wie gesagt, darin bestärkt uns mein Vater, und das schätze ich sehr an ihm. Denn so sehr er jemand ist, der die eigene Position mit Vehemenz vertritt, so wenig Probleme hat er damit, auch heute schon unseren Rat zu bestimmten Themen einzuholen. Über die Personalsuche auf allen verfügbaren Kanälen habe ich bereits gesprochen. Aber auch an anderen wichtigen Entscheidungsprozessen lässt er uns teilhaben und fordert unsere Meinung sowie Lösungsansätze ein.

Wie man überhaupt sagen muss: Ich kenne keinen anderen Menschen, der – wie es bei ihm seit der NETZWERK Gründung der Fall ist – so unaufhörlich auf der Suche nach immer wieder neuen Features ist. Nach Bestandteilen, die das Erlebnis einer Teilnahme am NETZWERK PARTNERTAG oder den NETZWERK FENSTERTAGEN für die Partner zu einem noch größeren Highlight werden lassen. Und, das weiß ich aus dem persönlichen Gespräch, es gibt dabei kaum etwas, was ihn so anspornt, wie die – glücklicherweise in seinem Fall unzutreffende – Prognose, dieses oder jenes sei doch wohl nicht mehr zu toppen. Es scheint fast, als würde diese Skepsis seine Kreativität nur noch mehr beflügeln.

Umso mehr freut es mich und ist es mir natürlich auch Verpflichtung, dass mein Vater es Jannik und mir zutraut, irgendwann gemeinsam seine Nachfolge im NETZWERK anzutreten. Gleichzeitig bin ich aber davon überzeugt, dass wir heute und in den nächsten Jahren von seiner Expertise und Erfahrung und seiner Begeisterungsfähigkeit nur profitieren können. Dabei möchte ich unseren Partnern, mit denen wir uns riesig auf die nächsten Jahre freuen, eines versprechen: Die Offenheit meines Vaters für Impulse von Euch und von Ihnen sowie von den künftigen Mitstreitern und Mitgestaltern in unserem NETZWERK, die wird auch für uns Wegweiser sein. Denn eines habe ich von Oliver Frey, meinem Vater, gelernt: Der Weg zu einer erfolgreichen Zukunft führt niemals über die Vergangenheit. Wir als Familie Frey sind gespannt darauf, diesen Weg mit unseren Partnern und unserer Fensterbaufamilie im NETZWERK gemeinsam zu gehen.

Als Reiseproviant und gleichzeitig für das eine oder andere Thema als Kompass wünsche ich nun viel Vergnügen mit dem Buch „Vertrieb leben und lieben – Oliver Frey und sein NETZWERK", das ich selbst mit großer Freude gelesen und in dem ich meinen Vater auf jeder Seite wiedergefunden habe.

Macht's gut und bis bald,

Ihr und Euer Niklas Frey

I. Dran ist nicht drin

Am Ende heißt es „Ja oder nein". Und davor haben viele Angst. Verkaufen ist geil. Nur kann Angst nie die Grundlage für dauerhaften Erfolg sein. Ich habe Verkäufer gesehen, etwa im Profilgeschäft, die haben dem Eigentümer auf einem Blatt Papier vorgescribbelt, wie hoch durch technische und/oder kaufmännische Verbesserungen seine Ersparnisse bzw. Erträge sind, wenn er sein Profilsystem für Kunststofffenster auf ihr Produkt umstellt. Pro Jahr. Ergebnis: Drei Jahre bis zur S-Klasse mit Vollausstattung. Nach dem Motto: Über den Geldbeutel ins Gehirn.

Aber dafür muss die Unterschrift drunter. Im Verkauf gibt es kein „Vielleicht". Es gibt Ja und Nein, Sieg und Niederlage. Ich habe im Verkauf gutes Geld verdient. Beim ersten Vertrag, den ich im Profilgeschäft für Kunststofffenster – Anfang 30, damals bei der Firma KBE Profilsysteme – unterschrieben habe, durfte ich mein stark leistungsorientiertes Wunschgehalt eintragen: Unglaublich, genau das Doppelte von dem, was ich zuvor verdient hatte. Mein Gegenüber sagte zu mir: „Ich bin davon überzeugt, Sie sind das wert und bringen unserem Unternehmen auch den Mehrwert." Das war meine Budgetfrage und die berufliche Chance meines Lebens. „Dafür werde ich alles geben", sagte ich zu meinem Gesprächspartner Uwe Pieper, dem geschäftsführenden Gesellschafter. Eine Win-win-Situation für beide Seiten. Ich wollte das große Vertrauen in meine Person mit Leistung sowie Erfolg zurückgeben. Das war mein Versprechen, das ich auch einhalten konnte, gerade deshalb, weil ich dem Erfolg alles unterordnete.

Dafür muss man richtig Mut aufbringen. Denn wer Angst hat, den Kunden zu Beginn des Gesprächs nach seinem Budget zu fragen, der muss sich darüber im Klaren sein, dass

1. die Frage unausweichlich ist und irgendwann, ausgesprochen oder unausgesprochen, ohnehin auf den Tisch kommt und dass
2. ich, wenn ich diese essenzielle Frage nicht stelle, Gefahr laufe, meine Zeit zu vergeuden (und übrigens auch die des Kunden, selbst wenn er im Ernstfall eher woanders Kunde wird).

Also: Visier auf und ran! Aber bitte nicht so, wie viel zu viele Verkaufsgespräche laufen. Mit endlosen Vorträgen eines Verkäufers, der dem Kunden – von dem keiner weiß, ob er jemals ein kaufender Kunde wird, weil sein Bedarf nicht erfasst wurde – das halbe Produktportfolio oder noch mehr vorstellt. Das sind die Verkäufer, auf deren Visitenkarte dann häufig so etwas steht wie „Technischer Berater". Und das machen die dann auch. Aber mit modernem Verkaufen hat es eben nichts zu tun!

Ein offenes Gespräch mit offener Fragestellung.

Letztlich wird bei einem solchen Vorgehen die Gretchenfrage „Ja oder nein?" nur möglichst lange umschifft. Teils aus Angst vor dem Nein, teils aber auch, weil schlicht das Interesse am Kunden fehlt. Übrigens will der Kunde dieses Interesse auch spüren. Deshalb frage ich ihn zu Beginn des Gesprächs, wie es ihm geht. Wie sein Bauvorhaben aussieht   und immer auch, was er beruflich macht.

Interessiert sich heute jemand für eine Premiummarke, dann ist doch klar, dass der geschulte Verkäufer sich

- einerseits ein möglichst genaues Bild von seinem Gegenüber macht, denn er wird sein Vorgehen daran ausrichten, auf wen er trifft
- andererseits insbesondere Hinweise darauf sammeln wird, ob es sich überhaupt um den richtigen Kunden für ihn handelt.

Was ist damit gemeint? Es geht nicht um Äußerliches. Die Zeiten, in denen Kleidungsstil etc. Rückschlüsse auf die soziale Schicht oder Einkommensverhältnisse zuließen, sind glücklicherweise vorüber. Aber es geht darum, effektiv und damit wirtschaftlich zu handeln. Ist jemand auf der Suche nach einem Dumpingprodukt, dann ist er bei manchem Anbieter einfach falsch. Und es ist legitim, ihm zu sagen, was ihn preislich erwartet.

Deshalb frage ich nach dem Warming-up ganz gezielt nach dem Budget, welches er für seinen Bedarf zur Verfügung hat. Diese Frage kommt spätestens nach zehn bis fünfzehn Minuten. Sollte sich jemand dadurch pikiert fühlen („So wenig wie möglich"), dann antworte ich wahrheitsgemäß, dass ich ja schließlich wissen muss, was ich ihm anbieten soll.

Übrigens beschäftige ich mich in meiner Reihe „Verkaufen heute" exklusiv für meine NETZWERK Partner auch mit ganz grundsätzlichen Überlegungen zum Wert unserer Produkte. Wer heute ein Haus baut, der gibt ganz schnell Zehntausende Euro für die Inneneinrichtung oder die Möbel aus. Ich frage in meinen Coachings die Vertriebsmitarbeiter deshalb, welche Preisvorstellungen wohl der

Kunde – wir reden nicht über den sozialen Wohnungsbau, sondern das Einfamilienhaus – vom Investitionsumfang für gut ausgestattete, moderne Fenster hat. Und ich denke, wir dürfen hier durchaus eine entsprechende Price Range ansetzen.

"Mit Oliver Frey konnten wir einen erfahrenen Branchencoach für unseren Vertrieb gewinnen. Durch seine Workshopreihe ,Verkaufen heute' konnten wir das geplante Wachstum realisieren und die erfolgreichen vertrieblichen Aktivitäten weiter ausbauen."
Miriam Albrecht
Geschäftsführerin REFLEXA-WERKE Albrecht GmbH

Und sollte man bei diesen Themen im Gespräch feststellen, dass der Kunde tatsächlich Erwartungen hat, die ich mit meinem Qualitätsanspruch wirtschaftlich nicht erfüllen kann und das auch gar nicht will, dann stellt sich vielleicht noch die Frage, ob er durch das Aufzeigen der Funktionsvielfalt und Zusatzausstattung vom Lüften über den Sonnenschutz bis zur automatisierten Bedienbarkeit bereit (und in der Lage) ist, diese Erwartungen nach oben zu korrigieren; und, wenn dies nicht der Fall ist, wie ich ihn elegant wieder loswerde. Alles andere ist Zeitverschwendung. Erst recht, weil Sie sich nicht teilen können und unter Umständen riskieren, durch ein in Ermangelung klarer Bedarfserfassung absehbar fruchtloses Verkaufsgespräch einen potenziell lukrativen Auftrag flöten gehen zu lassen, weil Sie für den "richtigen" Kunden keine Zeit hatten.

Deshalb: Stellen Sie die Frage nach dem Budget, das zur Verfügung steht. Und zwar bitte nicht nach zwei Stunden. Dann können Sie unbeschwert auf die Entscheidung zusteuern, wenn Sie vorher alle Ihre Trümpfe ausgespielt haben. Aber wie gesagt: Dran ist nicht drin. Was bedeutet es, wenn Ihnen der Kunde am Ende sagt: „Ah, Herr Frey, ich muss nochmal darüber nachdenken." Ganz klar, den sehen Sie im Normalfall nicht wieder. Natürlich kann es sein, dass er sich nach Ihren Informationen, auch wenn der Bedarf richtig erfasst wurde und Sie oder Ihre Mitarbeiter alles reingelegt haben, trotzdem noch woanders umsieht. Aber dann muss er zumindest das Gefühl haben, dass das, was er von Ihnen gehört hat, schon mal richtig stark war.

Und dafür lohnt es sich, Emotionen zu zeigen. Für mich ist das der Kernpunkt, auch übrigens dessen, was unser NETZWERK zu etwas Besonderem macht. Am Ende sind es Menschen. Und sie sind auch unser Potenzial. Denn eines ist klar: Sich rein auf der Produktseite so deutlich vom Wettbewerb abzusetzen, dass es dauerhaft möglich ist, sich am Markt Vorteile zu erarbeiten, ist schwierig. Der Fenstermarkt in Deutschland, Österreich und der Schweiz ist hochentwickelt. Sicherlich gibt es Unterschiede, zum Beispiel beim Thema Kleben, im Design oder in der Lieferperformance. Aber vor allem zählt doch das Erlebnis.

Bei uns im NETZWERK gibt es ein Autohaus, das zu einer namhaften deutschen Marke gehört. Es ist Jahr für Jahr unter den besten, also umsatzstärksten Partnerunternehmen dieses Premiumanbieters. Und wenn ich da reinkomme, dann spüre ich, es wird alles dafür getan, dass ich mich dort wohlfühle. Es gibt eine frische Butterbrezel und einen wirklich guten Kaffee. In der Zwischenzeit, bevor dieses Verwöhnprogramm anfängt, wird mir als Kunde erstmal Zeit gegeben, mich 15 Minuten in das Auto meiner Wahl reinzusetzen. So, und dann, wenn ich meinen Kaffee genossen und meine Butterbrezel gegessen habe, dann bin ich empfänglich.

Einfach,
aber effektiv.

Als Mensch – zumal als einer, der dabei ist, keine unwesentliche Investition zu tätigen – möchte ich doch abgeholt werden. Und einfach auch das Gefühl haben, dass sich jemand für mich interessiert. Dass derjenige vorbereitet ist, sich um meine Bedürfnisse kümmert. Und nicht sein Standardprogramm abspult. Das muss ich ihm doch wert sein. Und wenn er mir dann noch zeigt, dass er selbst für sein Produkt brennt, dass er hinter seinem Unternehmen steht, dass auch er als Verkäufer sich wohlfühlt – warum soll ich meinen Bedarf, ohne den ich ja gar nicht da wäre, dann nicht bei ihm decken.

Schnell frisst Langsam
– nicht Groß frisst Klein.

Wenn wir als Verkäufer, als Vertriebsmitarbeiter das beherzigen, dann sind wir auch ohne riesengroße Produktvorteile den entscheidenden Schritt schneller als alles, was hinter uns kommt. Und das ist vor allem dann essenziell, wenn die Nachfrage irgendwann nicht mehr so groß ist, wie das in den letzten Jahren praktisch dauerhaft der Fall war. Nun gibt es ja durchaus Anzeichen dafür, dass die Konjunktur sich vorübergehend abflacht – und wir auch wirklich wieder verkaufen müssen, anstatt wie bisher nur zu verteilen. Und dann – verkaufen wir dann über den Preis?

Das geht in Deutschland nicht, dafür gibt es zahlreiche Beispiele. Das heißt: Es geht schon, aber es geht nicht gut. Wie wir alle wissen, sind dafür unsere Standortbedingungen, wie Löhne, Steuern bzw. Abgaben und nun ganz aktuell besonders die Energiekosten, deutlich zu teuer. Aber wie machen wir's dann? Die Antwort kann nur sein: So wie das Autohaus bei uns am Ort. Wir müssen den Fenster- und Türenkauf zu etwas Besonderem machen. Emotionen wecken. Dem Kunden das Gefühl geben, dass er willkommen ist. Beispiel: Ein Kunde von mir, der 250.000 Euro in seine Ausstellung gesteckt hat, sagte mir, es würden viel zu wenig Leute dorthin kommen.

Heimat schaffen und Wohlgefühl.

Ich habe die Ausstellung besucht. Sie war fantastisch. Dann habe ich mir die Abläufe seiner Mitarbeiter angesehen. Die Angebote wurden alle als PDF per E-Mail verschickt. Ich fragte ihn, ob er bereit wäre, neue Wege zu gehen. Er sagte ja, schließlich hatte er viel Geld in die Hand genommen, bisher aber nur Kosten produziert. Wir haben ein Coaching mit den Verkäufern gemacht, die die Angebotserstellung betreuten. Seither werden alle Angebote nur noch persönlich in der Ausstellung übergeben. Genauso gibt es keine Erstgespräche mehr beim Kunden, nur noch in der Ausstellung. Und die Chefin, die einen guten Draht zur örtlichen Metzgerei hat, sorgt dafür, dass die Besucherinnen und Besucher einen leckeren Imbiss bekommen. Der Betrieb hat seither Full House, die Investitionen amortisieren sich.

Für mich ist es zu Beginn einer Zusammenarbeit wichtig, dass der Unternehmer und die Geschäftsleitung dahinterstehen. Dann gehen wir in die Umsetzung. Ähnlich beim oben angesprochenen Thema Bedarf: Das fängt mit der Erfassung des Interessenten und der Anfrage an. Übrigens egal ob im Direkt- oder Objektsegment oder beim Wiederverkäufergeschäft. Wenn da ein Anruf kommt, muss die Mitarbeiterin oder der Mitarbeiter soweit geschult sein, dass sie oder er zumindest einige Eckdaten zum Bedarf abfragt. Schließlich macht es einen Unterschied, ob es um eine Etage in einem Mehrfamilienhaus oder um zwei einzelne Fenster geht. Mit einem Kunden von mir haben wir uns darauf verständigt, dass er den Auftrag unterhalb einer gewissen Grenze an den örtlichen Lieferpartner weiterreicht, der die Fenster bei ihm bestellt und dann den Einbau abwickelt.

Also: Machen Sie sich ein Bild von Ihrem Kunden. Und sorgen Sie dafür, dass er das richtige Bild von Ihnen hat. Zeigen Sie ihm, dass er Ihnen wichtig ist. Schaffen Sie das passende Umfeld und geben Sie vielleicht auch mal was von sich selbst preis. Alles, was Verbundenheit schafft, sorgt dafür, dass am Ende eben nicht nur Euro und Cent verglichen werden. Dabei geht es nicht ohne Veränderungsbereitschaft und, wie angesprochen, das klare Commitment der Geschäftsleitung. Schaufensterveranstaltungen braucht niemand. Doch der Mensch ist eben ein Gewohnheitstier. Da kann ich als Coach alles reinwerfen – nach 14 Tagen sind wir wieder im alten Trott.

Dabei gibt es einen Satz, der mich wirklich auf die Palme bringt: „Das haben wir schon immer so gemacht." Aber die Welt dreht sich weiter. Und Kunden möchten heute anders adressiert werden.

Deshalb sind unsere Coachings mittel- und langfristig angelegt. Das ist ganz wichtig, denn das Verkaufsgespräch ist nur die Essenz der Vertriebsarbeit. Leider kümmern wir uns zum überwiegenden Teil unserer Zeit – im Gespräch selbst, aber auch in der gesamten Kundenbetreuung – um die falschen Kunden. Sie wissen, dass wir 80 Prozent des Umsatzes mit 20 Prozent der Kunden machen. Im Klartext heißt das: Hören Sie auf, Leuten hinterherzurennen, die entweder gar nichts von Ihnen kaufen – oder aber so umsatzschwach sind, dass Aufwand (Besuche, Beratungen, Incentives) in keinem vernünftigen Verhältnis zum Ertrag stehen.

Das ist in doppelter Hinsicht bitter, weil Sie

1. so viel zu viel wertvolle Arbeitszeit verschwenden, um allenfalls Kleinaufträge an Land zu ziehen.
2. dadurch, und das ist besonders bitter, genau diese wertvolle Zeit nicht haben für die Kunden, die es wert wären, weil sie loyal, kaufkräftig und offen sind.

Das ist ein ganz wesentlicher Punkt. Weil, wenn der Coach ins Unternehmen kommt, trifft er worauf: genau, auf Skepsis. Warum? Wenn er gut ist, will er in die Komfortzone der Mitarbeiter. Übrigens sage ich den Leuten auch genau das: Ich will in Ihre Komfortzone. Aber was heißt das nicht? Dass die Leute zwingend mehr arbeiten müssen. Wir kommen im Kapitel „Generation X, Y, Z" noch drauf, dass es wichtig ist, Mitarbeiter dafür zu gewinnen, ihre Arbeitskraft so einzusetzen, dass das Unternehmen und der Mitarbeiter im Erfolgsfall davon profitieren. Aber das sagt nichts aus über die Stundenzahl – und will vom Arbeitgeber nicht nur eingefordert, sondern auch honoriert werden.

Also: Gewohnheiten dürfen nicht unantastbar sein, wenn sie unsinnig sind. Warum muss ein Verkaufsgespräch, das leider viel zu oft nur beratenden Charakter hat, zwei Stunden dauern? Und zwar vielfach, obwohl bei richtiger Fragestellung von Anfang an hätte herausgefunden werden können bzw. müssen, dass es niemals zum Auftrag, zur Unterschrift führen wird. Als mir Uwe Pieper mein Wunschgehalt eingetragen hatte, da stand bei meinem Eintreffen in seinem Büro der Champagner auf dem Tisch. Empfangen hat er mich mit den Worten: „Herr Frey, heute wird unterschrieben."

Fokussiert und immer das Ziel im Blick!

Wohlgemerkt, wir hatten uns zuvor nur mal kurz auf der Messe bautec in Berlin gesehen, wo er mir mitteilte, dass er mich gerne für den Vertrieb im Süden als Mitarbeiter gewinnen möchte. Also, ich kurz nach der Messe wieder nach Berlin – da macht er mir gleich zu Beginn, gewissermaßen statt der Begrüßung, diese Ansage: Heute wird unterschrieben! Das hat mich geprägt. Dran ist eben nicht drin. Das heißt, er hat in dem Moment gar keinen Zweifel aufkommen lassen, worum es geht.

Nicht um ein unverbindliches Kennenlernen, kein Vortasten. Nein, heute wird unterschrieben. Und unterschrieben wird unten rechts. Deshalb gibt es bei mir im Verkauf nur Schwarz oder Weiß. Keine Grautöne. Ja oder Nein, Sieg oder Niederlage.

Alles andere heißt, sich etwas vorzumachen. Denn, ganz ehrlich, viele Vertriebler agieren mittlerweile nach dem Prinzip Hoffnung.

O-Ton: Ja, den Auftrag werde ich dann schon bekommen. Solche Sprüche sind Augenwischerei. Ein Auftrag ist es, wenn die Unterschrift drauf ist. Fertig. Und deshalb lautet mein Appell: Ihr müsst nicht mehr arbeiten, Ihr müsst das Richtige tun. Wenn ich mich um meine 20 Prozent der Kunden kümmere, mit denen ich die 80 Prozent umsetze, dann kann ich mich

1. zum einen von vielen anderen, die mich nur Zeit kosten, verabschieden und
2. habe ich zum anderen plötzlich Zeit, mir wirksam über Neukundengewinnung Gedanken zu machen.

Wie wir die obersten 20 Prozent, unsere so genannten Potenzialkunden, so bedienen, dass es sich ertragssteigernd auswirkt, lesen Sie im nächsten Kapitel „Wie wir Zukunft verkaufen".

Wie finde ich nun heraus, wer für mein Unternehmen das Zeug hat, zu den obersten 20 Prozent der Kunden zu gehören? Ich denke, das ist gerade nicht das Problem, fast jeder Betrieb, in den ich komme, clustert heute seine A-, B-, C-, D-Kunden usw. Nur werden oftmals keine Rückschlüsse daraus gezogen, wird unverändert weiter Zeit mit Leuten verplempert, die alle zwei Jahre überspitzt gesagt einen Fenstergriff bestellen. Doch gerade hier ist es wichtig, ausgetretene Pfade zu verlassen, solche Leute auf den Onlineshop zu verweisen und zur Not auch aus der Kundenkartei zu streichen.

Nur dann können Sie am Unternehmen arbeiten. Und ganz ehrlich: Was macht mehr Spaß, als sich intensiv um einen Kunden zu kümmern, der das dann auch zurückzahlt. Was aber mache ich nun mit dem mir völlig unbekannten Interessenten, der eben meinen Showroom betreten hat? Empfehle ich ihm stoisch, er möge sich doch gerne mal umschauen – klar, das kann man machen, so ähnlich läuft es auch im angesprochenen Premium-Autohaus bei uns um die Ecke. Nur ist diese Phase bitte nach ein paar Minuten vorbei. Machen Sie sich klar: Ihr Showroom ist kein Museum, wo man sich um des Ansehens Willen etwas ansieht und dann wieder geht (deshalb zahlt man dafür auch Eintritt).

Der Besuch Ihrer Ausstellung ist gratis. Sie freuen sich, dass der Kunde da ist und sich seine Zeit nimmt. Je nach Philosophie verwöhnen Sie ihn dazu noch mit einem leckeren Kaffee, einer Butterbrezel oder frischen Weißwürsten. Doch dafür haben Sie keinesfalls nur die Aufgabe, ihm „einfach mal etwas zu zeigen", vielleicht auch noch stundenlang, angefangen bei der automatisiert betriebenen Hebe-Schiebe-Tür bis hin zum klassischen Holz- oder Kunststofffenster in sämtlichen Oberflächen, ohne vorher genau das mit dem Kunden zu definieren. Stattdessen geht es darum, zielgerichtet zu verkaufen. Das beginnt mit einem kurzen Smalltalk, in dessen Verlauf Sie

1. Interesse zeigen an Ihrem Gegenüber, aber gleichzeitig
2. versuchen, so viel Informationen wie möglich über ihn oder sie zu bekommen.

Dazu empfiehlt es sich, wie erwähnt, offene Fragen zu stellen. Womit wir von der Phase, in der wir vor allem anderen herausfinden, welches Budget der Kunde für Fenster und Türen hat, übergangslos zur Bedarfserfassung kommen. Ist das genannte Budget unrealistisch, gilt es zu unterscheiden, ob der oder die Betreffende nicht mehr ausgeben kann oder will. Bei Ersterem heißt es, Abschied zu nehmen.

Haben Sie einen notorischen Sparfuchs und Schnäppchenjäger vor sich, versuchen Sie, ihn vom Wert Ihrer Produkte und Leistungen zu überzeugen. Das geht (nächstes Kapitel) mit hochwertigem Verkaufen oder indem Sie ihn ganz persönlich für sich einnehmen. Vier von fünf Entscheidungen werden aus dem Bauch heraus getroffen. Also bitte nicht den Kunden totquatschen – vor allem nicht mit Sachen, die er gar nicht wissen will. Begeistern Sie ihn von Ihrem Produkt. Schließlich ist er freiwillig gekommen und kann auch freiwillig wieder gehen. Nicht gefragt sind Vorlesungen, die sich in Produktdetails und Fachchinesisch verlieren.

> „Die neuen Impulse im Coaching durch das NETZWERK Frey haben unsere Vertriebsmitarbeiter begeistert. Wir werden die erfolgreiche Zusammenarbeit weiter ausbauen."
> André Barth
> Geschäftsführer DuoTherm Rolladen GmbH

Sollte freilich der Kunde hartnäckig versuchen, mit dem Budget für ein Standardfenster die eierlegende Wollmilchsau zu bekommen, bleibt Ihnen nur der Versuch, ihm klarzumachen, dass sich die Mehrausgaben zum Beispiel in hochwertige Sicherheitsfenster mehr als nur bezahlt machen, wenn dadurch wirksam ein Einbruch verhindert wird. Ist der Fensterkäufer in spe dabei freilich beratungsresistent, wird er bei Ihnen eh kein Fenster kaufen (oder Sie müssen noch Geld mitbringen) – und Sie können ihm allenfalls den Weg zum nächsten Baumarkt erklären.

Was aber, wenn das Budget passt und der Bedarf wirklich passgenau erfasst wurde? Dann beginnt der schöne Teil, denn als Fachbetrieb sind Sie natürlich von einigen wirklich exotischen Wünschen abgesehen in der Lage, diesen Bedarf auch zu decken. Dazu ist es schön, wenn Sie dem Kunden eine vernünftige Auswahl anbieten und beispielsweise unterschiedliche Designalternativen unterbreiten können. Bei den Details: Sprechen Sie gerne Empfehlungen aus, aber machen Sie sich klar, wen Sie vor sich haben.

Kommt eine Kundin mit einem Ausriss aus einer Wohnzeitschrift und sagt: „Solche Fenster will ich haben, die passen zu meiner Einrichtung" – dann sprechen Sie bitte nicht in erster Linie über den Lambda-Wert oder langweilen Sie die Dame mit Auszugskräften. Dann sind Ihre Themen Komfort, Gestaltung, Transparenz.

Wir haben darüber gesprochen, was eine hochwertige Einrichtung kostet. Oder nehmen Sie den Wellnesstempel aka Badezimmer. Um was geht es da in erster Linie nicht? Um ein Feuerwerk an technischen Detailinformationen. Wenn wir selbst unsere Elemente wie Low Interest-Produkte präsentieren, beraten und verkaufen, dürfen wir uns nicht wundern, dass wir im Erlösranking der Baudisziplinen oft gegen den Abstieg spielen.

Verlassen Sie ausgetretene Pfade!

Deshalb: Ausgetretene Pfade verlassen! Kommen Sie ins Schwärmen und zeigen Sie den Kunden den Unterschied zwischen einem Baumarkt-Fenster und Ihren hochwertigen Elementen. Das ist gar nicht so schwierig. Wir müssen nur darauf achten, dass unsere Sprache für Nicht-Fachleute verständlich bleibt.

Also: Sie haben der Kundin (hoffentlich) nicht ausgeredet, was sie will, und können es sogar liefern. Sie erkennt den Mehrwert des Services eines Fachbetriebs und scheint überzeugt. Was kommt dann? Genau. Bitte jetzt ja nicht am Elfmeterpunkt kehrtmachen, hauen Sie das Ding rein. Vielleicht so: „Das ist eine sehr gute Entscheidung. Sie werden viel Freude haben an Ihren neuen Fenstern und der neuen Haustüre – den Liefertermin haben wir besprochen. Dann brauche ich jetzt von Ihnen hier eine Unterschrift." Und erst dann heißt es: Gratulation zum Auftrag – Sieg!

Übrigens: Erfolge darf man auch mal feiern, das gehört dazu. Wichtig ist aber: Wenn es ins Verkaufsgespräch geht – wohlgemerkt, ein Beratungsgespräch ist etwas anderes – dann muss ich als Verkäufer hellwach und in Topform sein. Ich habe ein klares Ziel, und das ist in allererster Linie die Unterschrift unter dem Auftrag. Dazu muss ich nicht mit schwerem Gepäck anrücken, falls das Gespräch nicht im Showroom stattfindet. Warum gehen die meisten Verkäufer mit ihrem Bankberater-Köfferchen und mit dem Muster unterm Arm zum Kunden?

Ganz einfach, sie sind so beruflich sozialisiert worden. So haben sie es gesehen und das haben sie dann übernommen.

Ich habe auch vieles übernommen. Als ich zu KBE gekommen bin, war ich Anfang 30. Sie hatten mich damals an meinem Messestand von Stadur auf der bautec in Berlin weggeholt mit der Ankündigung, einen großen Auftrag platzieren zu wollen. Ich also dorthin gegangen, da habe ich schon über den Stand gestaunt. Riesige Besprechungszimmer, da wurde mir dann die komplette Geschäftsleitung vorgestellt. Ich habe gesagt: „Das ist ja schön, dass Sie mir alle vorstellen. Aber ich muss zurück an meinen Stand – mir wurde gesagt, Sie wollten einen Auftrag platzieren."

Das haben sie dann auch. „Schreiben Sie mal drei komplette Lkw auf, Herr Frey. Und übrigens: Wir wollen Sie gerne haben, als Verkäufer im Süden – können Sie sich das vorstellen?" Da habe ich erstmal gesagt: „Hm, nein. Das kann ich mir eigentlich nicht vorstellen, ich bin sehr zufrieden bei Stadur. Verdiene gut, bin erfolgreich, habe Spaß." Darauf kam ganz trocken die Antwort: „Wir wissen, was Sie verdienen." Herr Pieper sagte: „Wir möchten Sie gerne nach Berlin einladen." Ich entgegnete: „Aber wir sind doch in Berlin. Nach der Messe habe ich keine Zeit, ich muss verkaufen." Aber er ließ nicht locker: „Wenn Sie nach Hause kommen, sind die Flugtickets schon da."

Ich muss dazusagen, geschäftlich zu fliegen, war damals nicht so selbstverständlich wie heute. Aber als ich von der Messe, natürlich mit dem Auto, nach Hause zurückkehrte, da waren dort undatierte Flugtickets per Einschreiben eingegangen. Also habe ich im Büro von Uwe Pieper angerufen und einen Termin vereinbart. Als ich dann als junger Kerl dort angefangen habe, da gab es viele erfahrene Kollegen, die den Beruf als überregional allein verantwortlicher Gebietsverkaufsleiter schon zehn Jahre und länger machten. Die habe ich mir angesehen und mich gefragt, von wem ich da etwas lernen könnte. Und das hat gut funktioniert, weil ich im Gegenzug auch junge, frische Ideen eingebracht habe.

Mein persönliches Netzwerk wuchs über Cadillac Plastic, Stadur und jetzt KBE weiter in der Fenster- und Türenbranche. Ich habe es mir immer zur Aufgabe gemacht, von den Guten zu lernen, in Bewegung zu bleiben, mutig zu sein. Durch den Austausch mit Gleichgesinnten, der keine Einbahnstraße sein kann, entsteht in der Sache häufig ein Fortschritt durch neue Impulse. Aber es wird auch Energie frei, wenn ein Team gemeinsam an der gleichen Sache arbeitet. Bei KBE hat uns das unheimlich stark gemacht, und wir haben die Erfolge gefeiert. Aber: Um von den Älteren zu lernen, bin ich auch aktiv auf sie zugegangen.

Was also brauche ich wirklich, wenn ich zum Kunden gehe? Der Außendienstler muss in Topform sein und er braucht eine Visitenkarte. Was erlebe ich immer in jeder Gruppe – das sind meist so zwischen acht und zehn Außendienstkollegen bei meinen Coachings – mindestens einmal, manchmal auch bei zwei oder drei Teilnehmern. Die Visitenkarte ist total zerknüllt. Oder es heißt: „Die habe ich jetzt im Auto liegen." Oder, noch schlimmer: „Die sind mir gerade ausgegangen, und ich habe noch keine neuen." Visitenkarten! Ja, womit will ich mich denn beim Kunden vorstellen. Womit will ich ihm denn nach unserem Gespräch in Erinnerung bleiben.

Aber was steht drauf auf der Visitenkarte? Technischer Berater? Ich schlage dann vor, die Karten neu zu machen und „Gebietsverkaufsleiter" draufzuschreiben. Auch weil es eine gewisse Wertigkeit signalisiert. Ich möchte doch, dass sich der Verkäufer identifiziert mit dem, was er tut. Ja, noch besser, dass er stolz ist darauf. Alles andere, was der Außendienstler braucht, ist das, was auf Neudeutsch gerne als das richtige Mindset beschrieben wird. Er muss bereit sein. Bereit für den Kunden. Bereit fürs Verkaufen. Und er muss sich klarmachen, dass 80 Prozent der Kauf- und auch aller anderen Entscheidungen aus dem Bauch heraus getroffen werden.

Das muss man sich immer wieder bewusst machen. Denn wir leben heute in einer Zeit, in der wir immer versucht sind, alles mit Zahlen zu untermauern. Natürlich sollte ich mein Produkt kennen. Aber noch wichtiger ist es, zu sehen, wen ich vor mir habe und was der oder die haben will. Und da ist bei Weitem nicht jeder der analytische Rationalist, den ich dann vielleicht wirklich mit rein sachlichen Argumenten oder beispielsweise mit nüchternen Tabellen bekomme. Wie ist in unserer Branche die so genannte U-Wert-Olympiade ausgebrochen, obwohl ja klar ist, dass ein Unterschied von 0,1 W/m^2K in seiner Auswirkung weder auf das Thema CO_2-Emissionen noch auf die ebenso gerne verargumentierten Heizwärmeverluste statistisch erfassbar sein dürfte?

**Vom Geldbeutel
ins Gehirn.**

Ganz einfach, wenn ich nicht verkaufen kann, dann lege ich am liebsten Zahlen nebeneinander. Das soll um Gottes Willen nicht heißen, das Thema Energieeinsparung sei nicht geeignet, um zu verkaufen. Aber dann muss ich es anders einsetzen. Entweder ich breche es zahlenmäßig herunter. Zum Beispiel dann, wenn ich, was empfehlenswert ist, mit den aktuellen Fördermöglichkeiten vertraut bin, die ich meinem Kunden mundgerecht präsentieren kann. Vom Geldbeutel ins Gehirn.

Oder ich spiele die grüne Karte beziehungsweise erkläre meinem Gegenüber, dass die beste Versicherung gegen Gasknappheit die solaren Wärmeenergieeinträge über die Glasscheibe meines modernen Fensters sind. Statt darüber zu diskutieren, um wie viel Grad weniger deutsche Wohnungen und Häuser vor dem Hintergrund auch der politischen Situation mit unsicheren Gaslieferungen beheizt sein sollten, würde ich mir daher einen klaren Appell an die Bürger erwarten, ihre Immobilien mit leistungsstarken, modernen Tür- und Fensterelementen auszustatten.

Bleiben Sie offen, neugierig, wach!

Und wenn ich mich für neue Fenster interessiere und habe jemanden da, der von sich sagt (hoffentlich), dass er ein Experte ist für tolle Fenster und Haustüren, dann erwarte ich vielleicht von so jemand, dass er diese Infos dann auch hat (und noch andere). Aber vor allem anderen muss ich mich mitgenommen bzw. angesprochen fühlen. Und das funktioniert nicht mit einem Muster. Dazu muss ich auf den Kunden eingehen, mich für ihn interessieren. Dazu muss ich das Rad nicht unbedingt neu erfinden. Aber ich muss offen sein, neugierig, wach. Legen Sie den Hebel um und sind Sie aktiv!

Wenn ich eine offene Fragestellung verwende, dann höre ich auch zu. Das ist eine unabdingbare Voraussetzung, um ein erfolgreiches Verkaufsgespräch zu führen. Stellen Sie sich vor, der Kunde hat Ihnen erklärt, dass er zum Beispiel viel Wert auf Wohnkomfort legt. Dann bieten Sie ihm doch keine herkömmliche Schwellenlösung mit zwei Zentimeter oder einen Rollladen mit Gurtwickler an! Das ist dann ein absolutes K.o.-Kriterium! Genauso aufmerksam achte ich auf mein Gegenüber, wenn ich selbst spreche. Sie erkennen es an den Augen, wenn Sie jemand verlieren.

Haben Sie ihn wirklich für sich eingenommen, besteht eine Verbindung, eine Basis für den Austausch auf Augenhöhe? Oder denkt der Kunde bereits daran, was er heute noch alles erledigen muss? Mit ein bisschen Schulung lassen sich die Anzeichen dafür erkennen. Wie verhindern Sie, dass Sie Ihren Kunden verlieren? Indem Sie ihm oder ihr das Gefühl geben, individuell auf seine bzw. ihre Wünsche einzugehen. Alles, was wie Standardprogramm daherkommt, ist in der heutigen Zeit permanenter Reizüberflutung die sichere Fahrkarte ins Abseits.

Dabei ist es wichtig, dass die Strukturen im Unternehmen insgesamt passen, deshalb arbeiten wir in der Tätigkeit für unsere NETZWERK Partner daran. Was nützt es, wenn der Außendienst geschult ist, aber im Innendienst nicht alle wichtigen Informationen erfasst werden? Um individuell auf den Kunden einzugehen, benötige ich jedes Fitzelchen, das mir einen Hinweis darauf gibt, was er sucht, wie er tickt usw. Das heißt, wenn die Kollegin an der Auftragsannahme die Information, dass es sich zum Beispiel um die zwei einzelnen Fenster handelt, nicht weitergibt, dann laufen die Prozesse – also etwa die Durchleitung an den örtlichen Fachhandelspartner – eben in die falsche Richtung bzw. bleiben stecken. Wie es klingt, wenn die Rädchen ineinander greifen, hören wir dann, wenn wir die Betriebe wirklich, wie ich sage, auf die Reise mitgenommen haben. Wenn ich die Unternehmer dann nach einem halben Jahr wiedertreffe, dann sagen sie von sich aus: „Bei uns gibt es keine Endkundenberatung mehr, ohne dass zu Beginn die Budgetfrage gestellt würde." Das gilt aber ebenso für die notwendigen Schulungen im Fachhandel und Objektgeschäft.

„Die Workshop-Reihe ‚Verkaufen heute' hat wertvolle Impulse für unsere Vertriebsmitarbeiter im Innen- und Außendienst gebracht. Insbesondere die langjährige Branchenerfahrung von Oliver Frey macht ihn zu einem perfekten Sparringspartner für unsere Mitarbeiter. Sein Coaching-Konzept bietet jedem Vertriebsmitarbeiter gute Möglichkeiten sich persönlich zu entwickeln und für die zukünftigen Anforderungen im Verkauf gerüstet zu sein. Die Kundennähe über die NETZWERK Plattform öffnet uns darüber hinaus auf einer anderen Ebene die Möglichkeit, neue Geschäfte zu realisieren und bestehende auszubauen."

Ralf Neuhaus

Geschäftsführer Gebhardt-Stahl GmbH

Dann kann man auch etwas bewegen. Der Verkäufer muss sich nicht verkrampft ums Thema Preis herumdrücken, sondern kann souverän und zielgerichtet den Kunden abholen, auf seine Wünsche eingehen und ein maßgeschneidertes Angebot machen. Der Kunde muss sich keine vorgefertigten Verkaufssprüchlein anhören und keine Vorträge über Produkte, von denen der Großteil für ihn zu keinem Zeitpunkt infrage kommt. Und der Unternehmer weiß, dass hier nicht zwei Stunden für ein Gespräch vergeudet werden, bei dem nach zehn Minuten hätte klar sein müssen, ob es Aussicht auf Erfolg hat oder nicht. So lässt sich die Arbeit vernünftig organisieren – wenn die Abläufe im Unternehmen und zwischen den einzelnen Abteilungen stimmen.

Und ich bin überzeugt, dass der Kunde das mitbekommt. Selbst wenn er das, was er gesucht hat, nicht oder nicht zum gewünschten Preis bekommen hat, so hat er doch eine angenehme, professionelle Erfahrung mit dem Unternehmen gemacht. Und darüber wird er auch gerne sprechen. Zu Hause. Im Freundeskreis. Vielleicht im Sportverein. Apropos Preis: Tatsächlich gab es in den letzten Jahren Anzeichen dafür, dass Preiserhöhungen beim Personal, bei Zulieferprodukten und auch hinsichtlich der steigenden Energiekosten zögerlich zwar, aber doch Schritt für Schritt an den Kunden weitergegeben wurden. Das werden wir im nächsten Kapitel gleich noch etwas näher beleuchten. Wenn man auf einige Dinge achtet, ist das nämlich gar nicht so schwierig.

Aber wir müssen es auch einordnen: Wenn die Nachfrage groß ist, dann erfordert es eben nicht ganz so viel Mut, auch mal etwas höhere Preise aufzurufen. Was aber, wenn die Nachfrage mal nicht mehr nach oben geht? Ja, dann müssen wir genau das, nämlich höherwertig verkaufen. Überlegen Sie doch mal: Wenn ich selbst etwas kaufe, in welchem Fall bin ich denn bereit, den Geldbeutel etwas weiter zu öffnen – vielleicht sogar weiter, als ich mir das im Vorfeld vorgenommen hatte? Gehen Sie hierzu doch mal die folgenden Punkte kurz durch. Ich bin bereit, mehr als geplant zu investieren, wenn

1. der Verkäufer angenehm und sympathisch ist und mir Interesse entgegenbringt?
2. meine Erwartungen an das Verkaufsgespräch und die Kompetenz des Unternehmens erfüllt oder besser noch übertroffen wurden?
3. sich jemand die Mühe gemacht hat, mir genau zuzuhören, meinen Bedarf exakt zu erfassen, und mir dann

Lösungsvorschläge (keine Produkte) unterbreiten konnte, die mich überzeugt haben?

4. mein Gegenüber mir nach kurzem Smalltalk die Budgetfrage gestellt hat und mir dann leicht oberhalb des genannten Limits meine Wunschfenster so vorgestellt hat, dass es mir leichtfiel, mich dafür zu entscheiden?

Anmerkung: Diese vier Punkte sind, verbunden mit der grundsätzlichen Offenheit und Aufmerksamkeit („Topform"), die für ein solches Gespräch erforderlich ist, die Grundlage erfolgreichen Verkaufens.

Und wenn Sie diese berücksichtigen, und der Kunde nicht zum Preis eines Dacia einen Mercedes möchte, dann spricht nicht viel dagegen, dass das Geschäft zustandekommt. Vorausgesetzt, Sie versäumen nicht etwas ganz Wesentliches – nämlich, den Elfmeter dann auch zu verwandeln.

Also kommen Sie bitte ja nicht auf die Idee, den Kunden ganz am Ende noch von der Entscheidung wegzuberaten. Nach dem Motto: „Am besten Sie nehmen jetzt unsere Informationen mit und lassen sich das Ganze zu Hause nochmal durch den Kopf gehen." Stellen Sie sich vor, er läuft auf dem Heimweg bei einem anderen Fensterbauer vorbei oder hört im Autoradio die Werbung für ein Produkt, das auch interessant ist. Zu Hause angekommen, sieht er sich die Alternative online an und – schon ist alles, was Sie womöglich so mustergültig vorbereitet haben, nichts mehr wert.

Heute wird unterschrieben. Oder: Heute suchen wir Ihre Wunschfenster und -türen aus. Das ist der Anspruch und den kann man auch formulieren. Also: Sie sind Ihrem Ziel in einem toll geführten Verkaufsgespräch ganz nahe. Der Kunde ist von Ihnen, vom Unternehmen und von seiner Entscheidung überzeugt. Dann holen Sie sich jetzt auch bitte den Abschluss: „Dann brauche ich jetzt von Ihnen hier eine Unterschrift" – Stift gezückt, unterschrieben, fertig.

Dann läuft die Sache. Verlässt der Kunde ohne Unterschrift die Ausstellung oder fahren Sie ohne Auftragsbestätigung vom Kunden weg, dann ist der Auftrag in weite Ferne gerückt. Dran ist eben nicht drin.

Das gilt für alle Lebenslagen. Verkaufen ist nicht, nach dem Prinzip Hoffnung zu verfahren. Und ganz besonders nicht, sich in der 90. Minute noch die Butter vom Brot nehmen zu lassen. Dann muss man ihn einfach reinmachen. Und glauben Sie mir: Wenn Sie Ihren Job gut gemacht haben, dann gehen am Ende beide – Sie und der Kunde – zufrieden nach Hause. Dann war Ihre Mission erfolgreich und hat der Kunde das Gefühl, in guten Händen zu sein. Dagegen gibt es nichts Schlimmeres, als wenn bei ihm oder ihr Zweifel aufkommen, ob Sie überhaupt selbst zu 100 Prozent überzeugt sind von dem, was Sie verkaufen. Heute ist der Tag, um den es geht. Nicht morgen und nicht nächste Woche.

II. Wie wir Zukunft verkaufen

Ich hatte ein Coaching bei einem unserer Fensterbaupartner im NETZWERK. Der Auftrag seitens der Vertriebsleitung: Wir wachsen, lassen aber dennoch – und nicht zuletzt bei der Profitabilität – Potenzial ungenutzt. Weil wir es nicht schaffen, hochwertig zu verkaufen, unseren Mehrwert an die Frau oder den Mann zu bringen, zusätzliche Funktionen einzubringen.

Ich komme gleich im Einzelnen dazu, was das bedeutet. Konkret eingehen will ich vorher explizit auf den Sonnenschutz. Denn es ist so: Was vor 15 Jahren, 20 Jahren zwei komplett verschiedene Gewerke waren, das gehört heute zusammen. Ich habe unlängst einen Kunden bei der Konzeption seines Showrooms beraten: Da können wir nun alles darstellen. Den Rollladen. Die Jalousie. Den ZIP. Wie hätten Sie's gern?

Ganz im Ernst: Was ich nicht zeigen kann, das kann ich nicht verkaufen. Und heute kommen die Kunden mit diesen Erwartungen. Und die Fensterbranche sollte glücklich darüber sein, statt diese Chancen an sich vorübergehen zu lassen. „Sie brauchen einen Sonnenschutz? Tja, wir haben einen Vorbaurollladen und einen Aufsatzkasten." Aha. Im NETZWERK haben wir schon immer gesagt, der Sonnenschutz gehört zum Fenster. Das lässt sich heute auch an unserer Partnerstruktur ablesen. Und das vereinfacht natürlich innerhalb unserer Gemeinschaft die Zusammenarbeit mit diesen Herstellern.

Zurück zum Beispiel: Das fragliche Unternehmen hatte wirklich alles dafür getan, um architektonisch und in der Ausstattung das richtige Umfeld für eine hochwertige Kundenberatung zu schaffen. Aber zu viele Fenster wurden rein in der Basisausstattung verkauft.

Und da frage ich mich, und das gilt für die ganze Branche: Warum wollen wir denn keine Zukunft verkaufen? Wie sieht denn ein Fenster im Jahr 2055, vielleicht 2060 aus? Ja, das weiß ich auch nicht. Aber ich weiß eines: Wenn mir in Sachen Mehrwertverkaufen bei einem Produkt, dem der Kunde einen adäquaten Verkaufspreis durchaus zugestehen würde, nicht mehr einfällt, als zu sagen: Wir haben Fenster mit unterschiedlichen Rahmenmaterialien und können Ihnen einen Rollladen dazu verkaufen; dann ist das verkäuferisch eine schlechte, wirklich schlechte Leistung. Und dann darf man sich in seiner Bequemlichkeit und Komfortzone damit bitte nicht zufriedengeben.

Sind wir zu bequem geworden?

Und wenn mein Vertriebsmitarbeiter das nur achselzuckend zur Kenntnis nimmt, dann darf ich mich auch als Firmeninhaber oder Geschäftsführer damit nicht zufriedengeben. Dann muss ich mir Gedanken darüber machen, wie es mir gelingt, beim Vertriebsmitarbeiter eine gewisse Veränderungsbereitschaft herbeizuführen. Wie gesagt, mein Kunde hatte schon erkannt, dass ich zuallererst einmal zeigen muss, was alles machbar ist. In einem wirklich schönen Ambiente.

Als wir das Coaching begonnen haben, habe ich die Mitarbeiter im Verkaufsteam gefragt, wie sie an die Sache herangehen. Wir machen dann immer mit allen Teilnehmern die Einzelgespräche und Einzelcoachings, und da ist mir ein altgedienter Mitarbeiter begegnet, der von Beginn an kein Hehl aus seiner Skepsis machte. Mir war ganz klar, dass er die Funktionen rund ums Fenster kennt. Und er hatte auch keine schlechten Zahlen. Aber er verkaufte keine Sicherheit, keine Lüftung, außer vielleicht mal einem Rollladen keinen Sonnenschutz, keine Komfortfunktionen oder Produktergänzungen mit Zusatznutzen.

Ich wusste, dass er was übrighat fürs Motorradfahren. Wie gesagt, der Beginn unserer Zusammenarbeit war von seiner Seite ausgesprochen reserviert. Unverhohlen sagte er mir: „Herr Frey, ich habe keine Zeit. Sie haben genau zehn Minuten." Meine Antwort: „Ich brauche keine zehn Minuten, aber Sie zeigen mir jetzt ganz genau, wie Sie ein Stück Fenster verkaufen. Ich bin der Kunde. Los geht's."

Ja, und dann ging's los. Was hat unser motorradbegeisterter Vertriebsmitarbeiter gemacht? Er hat sein technisches Know-how gezeigt, mir einen Stulpflügel mit den dazugehörigen Argumenten vorgestellt, einen Drehkipp Beschlag usw. Noch einmal: Ich habe vorher gesagt, ich weiß auch nicht, wie die Fenster, die wir heute einbauen, in 35 Jahren aussehen – denn dann werden viele von diesen Elementen immer noch im Einsatz sein. Aber wenn ich einen Kunden habe, der mir erzählt, er hätte gerne einen Sonnenschutz, ja dann frage ich ihn doch mal, ob es eine Alternative zum Basisprodukt Rollladen sein könnte, mit der Sonne zu spielen. Technisch ist unheimlich viel machbar, das meiste davon sieht sensationell aus – und wir sagen es dem Kunden nicht mal. Das ist doch irre. Ich meine, ein Drehkipp Beschlag. Wozu führt der? Richtig, ich kann mithilfe meines Fensters lüften. Aber mal ganz ehrlich: Wie geht unsere Branche mit diesem absolut essenziellen Thema um?

Unsere NETZWERK Partner sind Marktführer in Lüftungslösungen am Fenster. Und dann gibt es, in unterschiedlichen Qualitäts- und Komplexitätsstufen, Falzlüfter. Warum vermarkten Fensterhersteller das Thema nicht entschlossener? Sicher, das hat was mit Bequemlichkeit zu tun.

Also, zurück zu unserem Vertriebsroutinier. Ich mag den Mann. Ich habe ihn unterbrochen: „Sie haben mir zehn Minuten gegeben, und ich habe Ihnen gesagt, die brauche ich gar nicht. Jetzt sind neun Minuten vorbei, Sie haben durchgängig geredet – und mich nicht mal gefragt, was ich überhaupt brauche, will, was ich mir an meinem schönen neuen Fenster wünsche, wovon ich vielleicht sogar träume. Und ich frage mich: Wie wollen Sie Extras verkaufen, wenn Sie den Bedarf nicht erfasst, die Budgetfrage nicht gestellt haben? Vielleicht können Sie mit mir doppelt so viel Umsatz erzielen, verpassen aber die Chance auf eine anständige Beteiligung, weil Sie sich nicht mal dafür interessieren, welche Extras für mich durchaus infrage kommen würden."

Ich unterbrach, sagte: „Die zehn Minuten sind um. Sie können jetzt gehen, wenn Sie wollen." Er blieb. Ich wusste, er wollte das neue BMW Motorrad. Vom Geldbeutel ins Gehirn.

Ganz ehrlich, habe ich ihm gesagt, ich bin der Komforttyp. Ich möchte, dass Alexa das Fenster aufmacht, wenn ich das will. Und dann haben wir das durchgerechnet. Auch was für ihn hängenbleibt. Er sagte: „Herr Frey, jetzt haben Sie mich." Am Abend haben wir dann die Probe aufs Exempel gemacht. Denn der

Vertriebsmitarbeiter hatte einen Termin mit einem kaufwilligen Kunden vereinbart. Ich habe ihn gefragt, ob ich dabei sein soll. Wir haben das dann zusammen gemacht.

Ergebnis: Wir haben gut als Team funktioniert und dem einen Kunden Extras im Wert von über 10.000 Euro verkauft. Bei einem Termin. Wenn ich bei dem Partnerunternehmen heute ein Coaching habe, dann weiß ich, wen ich nicht mehr überzeugen muss. Aber auch der Verkaufsleiter hat nochmal nachgelegt in der Ausstattung des ohnehin schon sehr guten Showrooms. Denn plötzlich wollen die Mitarbeiter mehr.

Es geht heute kaum mehr ein Fenster ohne Zusatzausstattung über den Tresen.

„Mit seinen Markt- und Produktkenntnissen konnte uns Oliver Frey mit seinem NETZWERK sofort überzeugen. Durch gezielte Coaching-Maßnahmen und mit seiner Erfahrung hat er uns ganz neue Ansatzpunkte aufgezeigt. Es ist dadurch gelungen, wichtige Eckpfeiler in unserer Unternehmensgruppe zu platzieren, um uns langfristig für die Zukunft optimal aufzustellen. Eine Zusammenarbeit auf Augenhöhe, die uns sicher in unserer Unternehmensentwicklung weiter positiv begleiten wird."
Florian Kneer
Geschäftsführer Kneer GmbH Fenster und Türen

Was da an Potenzial liegenbleibt, das weiß ich aus eigener Erfahrung. Als ich hier in unserem Penthouse eingezogen bin, da wollte ich einen ebenerdigen Zugang zum Loungebereich auf der

Sonnenterrasse. Ich muss dazusagen, wir haben in den hinteren Räumen Echtparkett verlegt und im großen Loft samt Küche einen Designestrich. Natürlich gibt es hier, auf der Ostalb, Niederschlag, und der Bauträger und mancher so genannte Fachmann sagten mir: „Mach das nicht, Du brauchst eine Barriere gegen das Wasser."

Das muss man sich vorstellen. Du hast als Kunde den Wunsch, die Bereitschaft und die Möglichkeit zu einer hochwertigen Lösung, die auch technisch machbar, aber eben etwas aufwändiger ist. Ich meine, wir wohnen hier seit fünf Jahren, ich hatte noch nie ein Problem. Auf alle Fälle wird Dir genau von den Leuten, deren Job es wäre, nach einer Lösung zu suchen, abgeraten. Auch das ist unsere Branche.

Und es gibt kaum jemand, der diese Branche so liebt wie ich. Meine Frau Tanja und die ganze Familie weiß das. Ich sage immer: „Wir haben die geilsten Kunden." Und deshalb tut es mir weh, wenn das, was machbar wäre, nicht gemacht wird. Deshalb ist heute ein ganz wichtiger Bereich unserer Arbeit das Mitarbeiter Coaching. Doch darum geht es im Detail im nächsten Kapitel „Generation X, Y, Z".

Bauelemente werden immer gebraucht. Dabei geht es um Mehrwert. Hochwertige Fenster und Haustüren. Sonnenschutz, Lüftungslösungen und Bedienautomation. Das wird sich auch nicht ändern. Mich hat die Baubranche immer angezogen, vielleicht auch deshalb. Ich habe zu Beginn ja als ganz junger Bursche im textilen Einzelhandel gelernt. Bin da aufgestiegen, habe nach der Ausbildung zum Groß- und Einzelhandelskaufmann den Einkauf für die Sportabteilung gemacht. Da wollte ich auch was aufbauen und das habe ich dann auch. Das neue Thema, das ich bereits Mitte der achtziger Jahre entdeckt habe, hieß Vereinssport. Ich bin dann einmal die Woche mit einem Siebentonner – das war das, was ich mit meinem Führerschein fahren durfte – zum Hersteller gefahren. Damals war das alles Markenware bekannter deutscher Sportartikelhersteller aus Herzogenaurach. Und da habe ich dann alles aufgekauft, bis der Lastwagen voll war – und eine schöne Rückvergütung eingestrichen.

Ein neues Kapitel
in meiner Vertriebskarriere.

Am Ende war ich für den Einkauf für die Sportartikelabteilungen in fünf Häusern zuständig und hatte, als ich kündigte, mehrere Angebote aus der Branche auf dem Tisch. Aber ich habe gewusst, dass ich das nicht dauerhaft machen wollte. Denn ich wollte unbedingt in den Außendienst. Von meinen Kollegen hatte ich mitbekommen, dass dort täglich neue Herausforderungen warten. So bin ich von der Textilbranche zu Cadillac Plastic gewechselt, die im Handel für Kunststoffhalbzeuge tätig waren. Die Top-Produkte bei mir in meinem Verkaufsgebiet waren u.a. so genannte Sandwich-Paneele von Stadur mit besseren Wärmedämmwerten, als sie die damals üblichen Massivplatten aufwiesen, die anstelle der heute bekannten Absturzsicherungen aus Glas an französischen Balkonen zum Einsatz kamen. Ein Großteil dieser Paneele lieferten wir in die Fensterbaubranche. Und gebaut wird eigentlich immer, das war damals schon meine Überlegung und deshalb werden immer Fenster und Türen benötigt und eben auch diese Sandwich-Paneele. Das war mein Einstieg in die Fensterbaubranche.

Seitdem hat sich eine Menge getan, aber der Fensterbranche bin ich während der zurückliegenden rund 35 Jahre treugeblieben. Und, ganz ehrlich, es hat mir bis auf ganz wenige Phasen immer Spaß gemacht. Bevor ich mein NETZWERK gegründet habe, war ich acht Jahre bei aluplast und konnte die positive Entwicklung bis zum 30-jährigen Bestehen des Unternehmens mit meinem Input erfolgreich mitgestalten. Ich muss dazu sagen, ich habe wirklich den allergrößten Respekt vor dem Lebenswerk von Manfred Seitz, dem Unternehmensgründer von aluplast. Das ist der eine Unternehmer, der mich fasziniert hat. Die anderen beiden in unserer Branche sind Uwe Pieper, damals bei KBE, und bis heute Helmut Hilzinger, den ich viele Jahre erfolgreich als verantwortlicher Mitarbeiter von KBE begleiten durfte. Damals legte er den Grundstein für den erfolgreichen Werdegang von Deutschlands großer Fenstermarke. Drei Unternehmerpersönlichkeiten, die so verschieden sind, aber jeder für sich mit großen Visionen und Zielen sowie unglaublichen Erfolgen. Das begeistert mich bis heute.

Mitte der 90er Jahre herrschte Goldgräberstimmung, nicht nur in unserer Branche durch die deutsche Wiedervereinigung, und wir hatten bei KBE sensationell erfolgreiche Jahre. Schlussendlich wurden wir dann aber 1999 für mich überraschend an die HT Troplast verkauft. Kurze Zeit später kam das Profilsystemhaus Kömmerling dazu und die Gesamtgruppe Profine entstand.

Durch mehrere Eigentümerwechsel bei Profine und immer mehr Konzernstrukturen ging meine persönliche Philosophie von Kundennähe und schnellen Entscheidungen immer mehr verloren. Für mich war es an der Zeit, neue Wege zu gehen, um meine Glaubwürdigkeit innerhalb meiner damaligen Kunden zu bewahren. Da kam Manfred Seitz ins Spiel, der mir in den Jahren vorher immer wieder gesagt hatte, wenn ich mal etwas brauchen würde, solle ich ihn anrufen. Irgendwann saß ich in Frankfurt am Flughafen, rief ihn an. Er sagte: „Wann geht Dein Flug?" Dann: „Gut, buch Dir eine Maschine später. Ich komm nach Frankfurt." Wir haben die Zusammenarbeit im Wesentlichen bei diesem ersten Gespräch klargemacht. Ich habe meine Bedingungen genannt, auf meiner Visitenkarte stand „Verkaufsleiter & Key Account Manager", und Manfred sagte mir, dass ich ihm direkt unterstellt bin. So kehrte ich also vom Großkonzern wieder zurück zum inhabergeführten Mittelstand mit kurzen Entscheidungswegen, bei dem ich mich bei Stadur und KBE so wohlgefühlt habe. Auch hier hatten wir eine sehr erfolgreiche Zeit. Die beiden Unternehmer Manfred Seitz und Uwe Pieper waren grundverschieden, aber jeder war auf seine Art ein Menschenfänger.

Wichtig ist, auch festzustellen: So richtig schlecht war es eigentlich nie in der Branche, deshalb kann ich die Panikmache, die teilweise betrieben wird, überhaupt nicht nachvollziehen.

„Wir haben durch Zielvereinbarungen und betriebswirtschaftliche Optimierungsprojekte unsere wirtschaftlichen Kennzahlen kontinuierlich steigern können. Dabei hat uns Oliver Frey und sein NETZWERK mit seinen Ideen maßgeblich erfolgreich begleitet. Unser neu entwickeltes vertriebsgesteuertes Handeln ermöglicht uns auch, unseren regionalen Markt zukünftig weiter aktiv anzugehen. Wir können die vertrauensvolle Zusammenarbeit mit NETZWERK als Fensterbaupartner unbedingt weiterempfehlen."

Markus Walter

Geschäftsführer Karl Heinrich Walter GmbH & Co.KG

Wenn die Unternehmen wirklich darangehen, zu überprüfen, wo sie noch Potenzial haben, dann wird fast jeder Betrieb genügend Stellschrauben finden, an denen er drehen kann. Ich sage gar nicht, dass es außerhalb vom NETZWERK keine erfolgreichen Unternehmen geben würde, das wäre auch nicht korrekt und überheblich. Aber Tatsache ist – und dafür haben wir Dutzende Bestätigungen erhalten zum Teil von Partnerbetrieben, die uns seit der Gründung vor zehn Jahren begleiten – dass unsere Unternehmen

1. in Bewegung bleiben
2. mit Leidenschaft und positiver Energie bei der Sache sind und
3. mit unserem NETZWERK eine Plattform vorgefunden haben, wo miteinander auf Augenhöhe kommuniziert, bei unseren Veranstaltungen eine gute Zeit verbracht wird und selbstverständlich auch Geschäfte gemacht werden.

Und so etwas hat es vorher in der Fenster- und Türenbranche einfach nicht gegeben. Übrigens ist es bereits mehrmals passiert, dass wir aus anderen Branchen angesprochen wurden, ob wir mit unserem Konzept und Herzblut nicht auch für andere Wirtschaftszweige so etwas auf die Beine stellen wollen. Jedenfalls, das möchte ich nochmal betonen, sehe ich für unsere Fensterbaubetriebe und auch für die Branche insgesamt in den nächsten Jahren absolut intakte (Wachstums-)Perspektiven. Und, ganz ehrlich, wenn die Überhänge und Lieferzeiten mal keine sechs Monate betragen, wie es in den vergangenen Jahren durchaus der Fall war, sondern nur acht Wochen, dann können wir immer noch Geld verdienen.

Vorausgesetzt, wir sind bereit, uns auch immer wieder Veränderungen zu stellen. Die Welt bleibt nicht stehen, auch nicht in der Fensterbranche. Mit der richtigen Strategie entfachen wir die Energie, um unserem Kunden sein Wunschprodukt anzubieten. Aber Wünsche kann man auch wecken. Und natürlich bin ich als Verantwortlicher gefordert, mir zu überlegen, welche Zielgruppen ich erreichen möchte.

Wünsche beim Kunden wecken.

Es ist ja gerne von den Plänen für die nächsten drei bis fünf Jahre die Rede. Da muss ich das dann aber auch definieren: Wie hoch soll der Pro-Kopf-Umsatz sein, und was unternehme ich, damit ich da hinkomme? Denn daran knüpfen sich die Fragen in Hinblick auf mein Sortiment an: Habe ich alles, was ich brauche; fehlt mir vielleicht eine Aluminium-Haustüre; will ich die selbst fertigen oder zukaufen? Aber auch: Riskiere ich, bei einem Kunden ganz rauszufliegen, wenn ich das Thema vielleicht nicht besetzen kann? Ich erwarte von einem Fensterbau-Unternehmer, dass er sich beispielsweise überlegt, welche Umsätze er mit welchen Produkten generieren möchte. Denn wenn ich das weiß, dann muss ich die Maßnahmen ergreifen, um diese Strategie erfolgreich zu unterstützen.

Das hat dann mit den richtigen Mitarbeitern zu tun: Wer bringt die Bereitschaft zur Veränderung mit? Wer ist bereit, ausgetretene Pfade zu verlassen, dem Kunden wirklich ein Rundum-Sorglos-Paket zu verkaufen? Und wer ist zufrieden, wenn er ein Stück Fenster verkauft – und macht sich nichtmal die Mühe, die Erwartungen des

Kunden an ein Fenster oder die Haustür zu ermitteln, die er die nächsten 35 bis 40 Jahre jeden Tag anschaut?

Und dann muss ich, wenn ich die richtigen Mitarbeiter habe, ihnen natürlich auch die Möglichkeit geben, hochwertig zu verkaufen. Was ich verkaufen will, wofür ich Begeisterung wecken will, das muss ich in einem möglichst angenehmen Ambiente zeigen können. Das eine folgt aus dem anderen. Ich muss also deutlich machen, wo ich mit meinem Betrieb hinwill. Ist es der Neubau oder die Sanierung? Welche Rolle spielt das Objekt, der Fachhandel oder das Direktgeschäft beziehungsweise der Onlinehandel? Mehrere Standbeine bieten häufig mehr Möglichkeiten im Markt zu agieren und Schwankungen in den einzelnen Absatzsegmenten besser aufzufangen. Das geht nicht immer bei jedem Geschäftsmodell, aber immer häufiger, wenn ich bereit bin, mich damit intensiv auseinanderzusetzen. Diese Hausaufgaben muss ich machen. Und sobald das Konzept steht, wird es umgesetzt.

Mitarbeiter motivieren.

Natürlich ist es auch wichtig, innerbetrieblich alle mitzunehmen. Aber wenn ich alles getan habe, die Mannschaft hinter dem gemeinsamen Ziel zu versammeln, wenn infrastrukturell die Weichen gestellt sind für erfolgreiches Verkaufen, dann gibt es keine Ausreden mehr. Dabei führen verschiedene Wege zum Ziel, das zeigt das Beispiel Onlinehandel. Heute ist längst klar, dass es wohl eher eine Schutzbehauptung war, um sich nicht damit beschäftigen zu müssen, wenn die Branche jahrelang mantraartig wiederholt hat, die Bauelemente seien zu erklärungsintensiv, um sie übers Internet zu verkaufen.

Heute wissen wir, und das ist mittlerweile unstrittig, das Potenzial ist enorm. Die einzige Frage, die noch offen ist, lautet wie immer: Kriegen wir als Branche das selbst hin – es gibt ja durchaus gute Ansätze – oder warten wir, bis ein großes Onlinekaufhaus uns die Butter vom Brot nimmt? Hochwertige Fenster und Türen, das gehört zu den wenigen Dingen, die es da bisher noch nicht standardmäßig gibt, sonst haben sie ja bereits alles vereinnahmt. Deshalb: Lasst uns Zukunft verkaufen! Wer soll es denn sonst machen, wenn nicht wir als Fenster- und Türenbranche – vor allem dann, wenn ich das Glück habe, dass Kunden bereit sind, fürs Wohnen wirklich zu investieren. Dann stellen wir uns aber bitte nicht hin und sagen diesen Leuten erstmal, was alles nicht geht.

Da werden wir uns umstellen müssen, davon bin ich überzeugt. Denn die letzten Jahre haben wir das Biotop eines Verteilermarktes genossen, in dem wegen der sehr lebhaften Nachfrage gar nicht groß verkauft werden musste. Und das ist etwas, das bei den Mitarbeiterinnen und Mitarbeitern, bei den Firmenchefs ins Bewusstsein dringt – in der gesamten Entwicklung nicht ungefährlich. Wir müssen alle Absatzzweige und Beteiligten natürlich auch unsere Wiederverkäufer und den Fachhandel auf diese Reise mitnehmen. Denn ich halte zwar überhaupt nichts von der medialen Schwarzmalerei, die im Moment und immer wieder Hochkonjunktur hat. Aber das Verkaufen wird in den nächsten Jahren nicht mehr der Selbstläufer wie oft in der jüngeren Vergangenheit sein, als viele von uns nur noch die Aufträge, die reinkamen, verbucht haben. Ist das etwas Schlimmes? Ganz und gar nicht, wie bereits angesprochen sollten wir die Situation aber mit dem nötigen Rüstzeug angehen. Strukturen sind dafür wichtig, in der Planung meiner nächsten Jahre ebenso wie mit Blick auf geeignetes oder entwicklungsfähiges Verkaufspersonal und die Gestaltung meiner Räumlichkeiten. Als Unternehmer ist es dabei wichtig, nicht zu sagen: „Oh Gott, was kommt da auf mich zu?" Sondern die Chancen zu erkennen und auch Freude daran zu haben, in Bewegung zu bleiben.

Mehr Chancen als Risiken.

Ich bin ständig in Bewegung, versuche, mit offenen Augen durch die Welt zu gehen, nicht stehenzubleiben. Routine ist schnell mal gefährlich, und das nicht nur im Umgang mit Maschinen. Wer nicht aufpasst, wird betriebsblind – und sieht nicht mehr, wenn ihn die anderen links und rechts mit frischen Ideen überholen. Dafür sensibilisiere ich unsere NETZWERK Partnerunternehmen. Übrigens trägt auch das natürlich wieder dazu bei, dass am Ende die Mitarbeiterinnen und Mitarbeiter das Gefühl haben, in einem dynamischen Unternehmen tätig zu sein. Das Gegenteil von „Das haben wir immer schon so gemacht". Mitarbeiter brauchen Ziele und Visionen. Wir als Unternehmer müssen das umsetzen.

Und das, miteinander in Bewegung zu bleiben, selbst auch Dinge in Bewegung zu setzen, das setzt positive Energie frei. Wenn ich einen jungen Mitarbeiter habe, der hungrig ist, der im Verkauf Dinge verändern will – und der dann auf mich als Geschäftsführer oder auf den Verkaufsleiter zukommt und sagt: Ich würde gerne die Zusatzleistungen rund um unsere Bauelemente offensiver präsentieren, habe aber im Showroom, wie er heute ist, nur eingeschränkt die Möglichkeit dazu, weil ich vieles von dem, was machbar und für den Kunden vielleicht auch interessant ist, gar nicht zeigen kann, dann sollte ich mich dem nicht verschließen.

Als leistungsstarke Branche mit innovativen Produkten brauchen wir einen leistungsstarken Vertrieb. Wenn mein Fenster oder meine Haustür eine Lebensdauer von 35 bis 40 Jahren hat, und ich ohnehin schon nicht weiß, nicht wissen kann, wie die Bauelemente 2055, 2060 aussehen werden, dann möchte ich doch in ein neues Produkt alles reinpacken, was es heute gibt. Nehmen wir als Beispiel die komfortable Rollladensteuerung: Als die Antriebshersteller angefangen haben mit dem Thema Produktautomation und Home Living, da haben doch anfangs viele gar nicht verstanden, worum es geht. Wie riesengroß das Potenzial ist. Die Welt dreht sich weiter, auch in der Fenster- und Türenbranche.

> **Innovative Produkte brauchen einen leistungsstarken Vertrieb.**

Heute habe ich selbstverständlich einen motorisierten Rollladen, Raffstore, Zipscreen oder eine Jalousie. Ich persönlich würde keinen Rollladen mit Gurtwickler mehr verkaufen, als komfortorientierter Betrieb mit zeitgemäßem Produktverständnis. Es ist doch heute eine ganze Menge machbar – von der Holz- oder Aluminium-Haustüre mit Fingerprint bis zu lichtlenkenden Sonnenschutzvorrichtungen, die für natürliche Belichtung sorgen, zu gegebener Zeit Blendung reduzieren und durch Wärmeenergieeinträge in

Verbindung mit top modern ausgestatteten Fenstern oder Haustüren dabei helfen, Heizwärme zu reduzieren. Oder nehmen wir das Thema Hebe-Schiebe-Türen: Ich will mich gar nicht rühmen, die Glaskugel zu besitzen, aber ich habe vor mehreren Jahren gesagt, dass das Thema riesiges Wachstumspotenzial hat. Heute haben viele Betriebe diese, wirklich hochwertigen und toll ausgestatteten, Elemente an Spezialanbieter abgegeben – und sind sehr erfolgreich im Markt. Meist stellt das für beide Seiten eine optimale Lösung dar, die gleichzeitig für das Kerngeschäft Freiräume schafft.

Es war absehbar, dass die Architekten darauf abfahren: Große Öffnungen, viel Tageslicht, Wohnkomfort, dann aber auch notwendigerweise handelbare Lösungen für die Bedienung, Automation etc. Das sind wirklich Elemente, die zeigen, wozu unsere Branche in der Lage ist. Und solche wunderbaren Produkte muss ich dann auch inszenieren – nicht nach dem Motto: Das Fenster oder die Außentüren brauchen Sie eben, um die Gebäudeöffnung zu schließen. Da kommt dann noch etwas anderes dazu, wenn ich nochmal auf unser preisgekröntes Autohaus am Ort zu sprechen komme: Das ist ja nicht nur, dass dort der Empfang, die Einrichtung und die Bewirtung – eben der gesamte Service – einem hohen Anspruch folgen.

Nein, da ist auch das ganze Jahr über was geboten. Da finden hochwertige Veranstaltungen statt. Das ist ein in sich schlüssiges Konzept, bei dem es sicherlich einerseits darum geht, eine bestimmte Zielgruppe mit dem entsprechenden Rahmenprogramm zu erreichen. Aber andererseits gelingt es den Betreibern auch, sich immer wieder überhaupt einmal für einen Besuch interessant zu machen. Durch ein attraktives Veranstaltungskonzept. Schließlich muss ich die Leute erstmal dazu bringen, sich für mich zu interessieren, wenn ich ihnen etwas, dazu auch noch Hochwertiges, verkaufen will. Und sind wir mal ehrlich: Das Geschäft, im Großobjekt zu liefern, ist ja auch schon speziell. Da gibt es sicher gute, große Unternehmen auch bei uns im NETZWERK. Aber gerade deshalb, weil dieser Markt speziell ist, muss ich dafür individuelle Alleinstellungsmerkmale anbieten. Das geht, indem ich Dienstleistung neu definiere und aktiv mitverkaufe. Deshalb gilt für viele: Raus aus der Vergleichbarkeit der fertigen Produkte. Weiterempfehlung ist das Motto, anders sein als die anderen.

Anders sein als die anderen.

Deshalb ist der einzelne Fensterfachbetrieb ganz bestimmt gut beraten, sich nach einer Nische respektive der entsprechenden Käuferschicht umzusehen, wenn es darum geht, auch die Erlössituation auskömmlich zu gestalten. Und dann muss eben das ganze Paket stimmen, vom geschulten Verkäufer über die auf gleichem Niveau agierenden Kolleginnen und Kollegen im Innendienst und entsprechende Verkaufsunterlagen bis zur Betreuung des Fachhandels oder den Objektanbietern aus der Bau- und Wohnungswirtschaft.

Natürlich sollte ein guter Vertriebsmitarbeiter auf der Höhe sein, was die Aktualität bestimmter Argumente angeht. Energie ist heute teurer als vor einigen Jahren, da sind doch moderne, leistungsstarke Bauelemente die beste Energiepreisbremse, die ich mir vorstellen kann. Natürlich würde man sich das auch mal als Erkenntnis bei unseren politischen Entscheidern wünschen: Statt ein Förderpaket nach dem anderen zu verabschieden, das am Ende wir alle und damit natürlich insbesondere auch die Unternehmer bezahlen, wäre es sinnvoller zu sagen: Du willst Energie sparen? Dann mach Dir neue Fenster und Türen mit dem passenden Sonnenschutz rein – wir als Staat unterstützen Dich dabei. Allerdings hält uns das nicht davon ab, selbst noch stärker auf dieses Thema abzustellen, denn wir haben ja die richtigen Produkte dafür.

Wir haben starke Verbände und Institute in unserer Branche, die in Zusammenarbeit mit allen verantwortlichen Unternehmern diese Argumentationen auch an die politischen Entscheidungsträger weitergeben werden. Ohne neue Fördermittel werden wir unsere Klimaziele nicht erreichen können. Deshalb bin ich davon überzeugt, dass wir mittelfristig wieder entsprechende Förderpakete und steuerliche Anreize bekommen werden.

Alles das zeigt aber auch, wie wichtig vielfach noch immer die persönliche Ebene im Verkauf ist. Das gilt nicht nur für unsere Branche. Wenn ich wirklich etwas über den Kunden erfahren, seinen Bedarf erfassen und auf ihn eingehen will, dann ist der direkte, persönliche Austausch – am besten auf Augenhöhe – die richtige Herangehensweise. Und wenn ich heute zu einem NETZWERK Partnerunternehmen komme, dann sehe ich mir an, wie die Kollegen das Thema bespielen. Es hat sich aber gezeigt: Wer bereit ist, eine angenehme Atmosphäre, ein kundenfreundliches Umfeld zu erzeugen, wer die richtigen Produkte und gut ausgebildete Mitarbeiter hat, der hat auch kein Problem, für entsprechenden Umsatz und Ertrag zu sorgen. Deshalb müssen wir Wege finden, in der digitalen Welt präsent zu sein. Und diese Wege gibt es.

Was ist davon zu halten, wenn große Zuliefermarken ihren Kundenbetrieben die Showroom Gestaltung anbieten? Zunächst einmal ist das der richtige Ansatz, weil die Topmarken begriffen haben, dass es in ihrem Interesse ist, wenn der Point of Sale ansprechend präsentiert ist. Und das machen diese Marken auch gut, mit eigenem entwickelten Know-how sowie Spezialisten im Unternehmen.

> **Wo ein Wille ist,**
> **ist auch ein Weg.**

Doch sollte der entsprechende Kundenbetrieb darauf achten, die eigene Handschrift nicht aus dem Auge zu verlieren. Gemeinsame Umsätze mit Partnerschaften zwischen Industrie und Verarbeiter – da würde ich sagen, auf jeden Fall. Deshalb sollten sich viele Verarbeiter von Fenstern und Türen Gedanken machen über Schulungen für ihre Fachhandels- und Distributionspartner. Diese Schulungen sind seit vielen Jahrzehnten vor allem technisch orientiert. Wir brauchen aber einen stärkeren Fokus auf den Vertrieb und müssen lernen, dass Technik und innovative Maschinen in der Produktion eben auch vertrieblich zugeordnet werden. Konkret bedeutet das: Neue Kapazitäten sind nur sinnvoll, wenn damit Produkte entstehen, bei deren Verkauf wir den Vertrieb mitnehmen.

Aber woher weiß der, der in seinen Strukturen Handwerker ist – Schreiner, Tischler, Glaser, Metallbauer – wie ich unsere Highend-Produkte mit allen wichtigen Argumenten verkaufe: Es wird bestimmt in Zukunft eine spannende Aufgabe sein, hier eine gewisse Konsistenz vom Hersteller über den Händler bis zum Endverbraucher in die Argumentationskette zu bekommen. Abgesehen von Trainings, wie ich sie mit unseren Fensterbaupartnern absolviere, um die richtige Verkaufstechnik zu vermitteln.

„Für mein Unternehmen ist die Zusammenarbeit mit Oliver Frey und seinem NETZWERK ein Glücksfall. Wir konnten in den einzelnen Projekten vom Coaching enorm profitieren und auch unseren Vertrieb zusätzlich durch Zielvereinbarungen motivieren. Er hat uns neue strategische Wege aufgezeigt. Durch die ganz klar strukturierte Umsetzung der Einzelmaßnahmen und die permanente Unterstützung von Herrn Frey haben wir unsere Ressourcen optimal ausgeschöpft. Das bisherige Ergebnis gibt uns zu 100 Prozent recht und wir werden den Erfolgsweg mit NETZWERK gerne weiter fortsetzen."

Friedrich Kipf

Geschäftsführer KIPF Fenster. Türen. OutdoorLiving. GmbH

Warum ist das wichtig, genauso wie die detaillierte Produktkenntnis? Jedes Unternehmen muss heute vielmehr den Vertrieb in den Fokus stellen, damit wir als Branche alle Trümpfe in der Hand haben, um hochwertig zu verkaufen. Diese Trümpfe reichen von energetischen Argumenten über Ansätze hinsichtlich Recycling bis natürlich zum Thema Farbe: Aber der Flaschenhals für den, der neben dem direkt abgewickelten Kirchturmgeschäft mit seinen Fachhandelspartnern zusammenarbeitet oder im Objekt unterwegs ist, ist die Abhängigkeit von dem, der schlussendlich mit dem (End-)Kunden spricht. Und hier bleibt, wie oben beschrieben, nicht nur häufig Information auf der Strecke – man denke nur an den Megatrend Home Living. Viele unserer Fensterbaukunden bestätigen uns auch, dass Umsatzchancen liegenbleiben, weil sich der Händler im Verkauf bei vielen Produkten nicht ausreichend sicher fühlt, um diese offensiv zu präsentieren. Dabei ist genügend Kapital im Markt, um zu investieren.

Hier müssen wir alle gemeinsam den Hebel umlegen, um unsere Botschaften den Entscheidern auf allen Ebenen zu vermitteln. Weil anderenfalls der eigentliche Zielmarkt vieler Produzenten, nämlich Bauherren in der Sanierung und im Neubau, unsere Lösungen oftmals nur sehr eingeschränkt zur Kenntnis nimmt. Das weiß natürlich auch die Industrie, die deshalb in den vergangenen Jahren verstärkt daran gegangen ist, ihre Informationen über Publikumsmedien, aber auch Sportsponsoring direkt an den Endverbraucher in den Markt zu senden.

Allerdings birgt das die Gefahr – wenn der Händler, zu dem der Endkunde dann mit dieser Information kommt, nicht mitgenommen wird – dass ihm der Betrieb, der sich vielleicht auch außen vor gelassen fühlt, dann erst recht abrät. Insofern ist Kommunikation hier von unschätzbarem Wert. Der Mensch steht im Vordergrund, und was unser Fachhandel nicht kennt, kann und wird er auch nicht verkaufen.

Deshalb steht für mich die Vertriebsstrategie immer im Zentrum des Unternehmenserfolgs. Aber ich muss eben auch drumherum sicherstellen, dass alle anderen Abteilungen bzw. Partner, die mit dem Kunden in Kontakt sind, auf einem einheitlichen Qualitätslevel und eben unbedingt kundenorientiert agieren. Und dieses Niveau muss in turnusmäßigen Updates auch immer wieder neu nachjustiert werden. Talent ist eine wichtige Voraussetzung. Aber ohne Training und ständige Weiterentwicklung werden wir nicht an die Spitze kommen. Das ist wie gesagt kein Vorwurf an den Einzelnen. Um Erfolg zu verstetigen, brauchen wir Fleiß und müssen die ganze Mannschaft sensibilisieren. Dabei stehen die Mitarbeiterinnen und Mitarbeiter ohne regelmäßige Trainingseinheiten sonst ganz schnell wieder an ihrem Ausgangspunkt. Aber nochmal: Wenn ich heute die Produkte der Zukunft an den Mann und die Frau bringen will, dann müssen folgende Punkte sichergestellt sein

- ein top ausgestatteter Vertrieb und Showroom
- hoch motivierte und trainierte Mitarbeiter, ob für den Direktvertrieb, den Handel oder das Objekt
- ausreichend Frequentierung der jeweiligen Anbieter durch geeignete Maßnahmen, Vertrauen und Stallgeruch sind der Ausgangspunkt für eine langjährige Geschäftsbeziehung.

Das Spannende ist, dass Sie damit sich selbst und Ihr Unternehmen aufwerten. Nur wenn Sie Ihre Mitarbeiterinnen und Mitarbeiter mitnehmen und wertschätzen, gelingt es, den Kunden über Emotionen zu binden.

Wertschätzung bringt
immer und grundsätzlich
Wertschöpfung auf allen Ebenen.

Diese Wertigkeit, die Sie sich selbst geben, wenn Sie die genannten Punkte in Ihrer unternehmerischen DNA haben und den Interesssenten zu sich in den Betrieb locken, die wirkt nach innen: Ihre Beschäftigten werden das Gefühl haben, für ein Unternehmen zu arbeiten, das besuchenswert ist. Wer schonmal in einem überfüllten

Markenstore war, in dem die Kunden fast demütig darauf warten, dass sich ihnen jemand vom hippen Verkaufspersonal widmet, der weiß, was gemeint ist. Spüren Sie jetzt vielleicht, was ich denke und welche Philosophie im Verkauf ich verfolge?

Egal ob Wiederverkäufer, Direktkunde oder Objekt: Dieses Selbstbewusstsein, gegenüber dem zukünftigen Neukunden, Kaufkunden oder Interessenten, das wirkt auch nach außen. Der Interessent oder die Interessentin, die den Laden betritt, hat wirklich das Gefühl, dass er / sie zu einem Spezialisten geht, der sich dessen auch bewusst ist und der auf Augenhöhe agiert. Das hat schon recht viel zu tun mit der Psychologie des Verkaufens. Bauch- oder Kopfentscheidung – denken Sie bitte immer daran, wie Sie es selbst gerne machen und handhaben.

Wenn Sie es schaffen, den Endkunden, den Fachhändler, den Objektverantwortlichen oder Architekten zu sich in die Ausstellung zu locken, dann haben Sie die Aufgabe, aber auch die Chance, Dinge zu visualisieren. Und das ist, wenn es darum geht, Themen wie die Raumwirkung unserer Produkte zu inszenieren, unverzichtbar. Da kann ich am Telefon und in Videokonferenzen erklären, da kann ich Prospekte drucken, wie ich will. Ein modernes, designorientiertes Fenster, egal ob in Kunststoff, Aluminium oder Holz, das muss ich sehen, fühlen, ausprobieren. Das gelingt aber durchaus auch im Onlinehandel, wenn ich mit modernsten Visualisierungen unterwegs bin. Dann kommt noch der architektonisch getriebene Aspekt Farbe dazu: Lag der Anteil farbiger Profile früher bei einem Fünftel aller verkauften Fensterelemente, so sind wir heute schon bei fast 70 Prozent angekommen – keine kleine Herausforderung, alleine was die innerbetriebliche Logistik und die beinhalteten

Warenströme angeht. Auch hier gilt freilich sehr häufig: Manchmal ist weniger mehr. Im Farbbereich gibt es klare Trends und auch dort herrscht das Paretoprinzip, dass ich mit relativ wenigen Farben die meisten Aufträge realisieren kann.

Nehmen Sie Ihre Kundin bzw. Ihren Kunden mit auf eine Reise, die verschiedene Ziele wie Bedienkomfort, Energieeinsparung, Tageslichtgestaltung und eine Vielzahl von Farbwelten ansteuert. Ihr Gegenüber muss das Gefühl haben, positiv überrascht zu werden, einzutauchen, auswählen zu können. Folierungen, Acrylfarben, Oberflächenbeschichtungen oder Aluminiumdeckschalen bzw. Oberflächen in fast allen RAL Farben sorgen für eine riesige Bandbreite an Gestaltungsmöglichkeiten. Zeigen Sie ruhig, was machbar ist und nicht nur den Standard. Wer darauf verzichtet, sein Portfolio vor den Augen der Kundin respektive des Kunden in den schön gestalteten Verkaufsräumen aufzufächern, der lässt die Gelegenheit verstreichen, diesen auch ästhetisch einen Eindruck zu vermitteln, welchen Beitrag schöne, neue Fenster und Türen bei der Gestaltung und zeitgemäßen Ausstattung ihres Eigenheims leisten können.

So sehen
Sieger aus.

Wichtig ist aber vor allem, sich im Verkaufsgespräch nicht zu verzetteln und den Interessenten oder Kunden vor unlösbare Aufgaben in der Entscheidungsfindung zu stellen. Deshalb: Stellen Sie vorab immer die Bedarfsfragen und reduzieren damit die Auswahl auf ein ultramodernes Minimum. So sehen spätere Sieger aus, die zum Verkaufsabschluss kommen.

Es geht darum, Gefühle und Visionen bildhaft darzustellen. Emotional zu verkaufen, gelingt, wenn der Kunde starke Eindrücke mit nach Hause nimmt. Natürlich ist eine wirklich liebevoll gestaltete Ausstellung mit Investments verbunden. Aber die Rendite ist Kundenbegeisterung. Ihr Ziel ist es, dem Kunden für seine Entscheidung ein wirkliches Einkaufserlebnis zu bieten. Denn diese Entscheidung gilt ein Fensterleben lang – damit bis zu 40 Jahre und häufig noch länger.

Ein Beispiel dafür, wie wichtig es ist, nach vorne zu schauen, aktuelle Themen für sich zu adaptieren, ist das Interesse am Energiesparen. Die erste EnEV ist 1995 in Kraft getreten – demnach hatten wir seither mehr als 25 Jahre Zeit, uns darauf einzustellen. Dabei hat es nichts mit emotionalem Verkaufen zu tun, technische Werte miteinander zu vergleichen. Im Gegenteil, das Thema zeigt, dass es noch viele Möglichkeiten gibt. Warum nicht dem Kunden vorrechnen, was per anno durch die Heizkostenersparnis infolge zeitgemäßer, leistungsstarker Fenster an Wünschen erfüllbar ist – nehmen wir den Kunden mit in die Welt des Fensterbaus und besetzen wir so starke Themen wie nachwachsende Rohstoffe (Holz) und hohe Recyclinganteile (Kunststoff, Aluminium).

Für mich ist klar, dass – je mehr es uns gelingt, gesellschaftliche Wertschätzung für unsere Dienstleistungen und Produkte zu erzeugen – wir umso mehr auch wieder motivierten Nachwuchs für unsere tollen Unternehmen im Metallbau, bei den Fenster- und Türenherstellern, bei Tischlern, Glasern und Schreinern gewinnen werden. Junge Leute wollen heute nicht zuletzt auch das Gefühl haben, dass sie etwas Gutes tun – etwas, das gesellschaftlich wertgeschätzt wird, worauf sie stolz sein können.

Das erreichen wir mit einer positiven Präsentation unserer Leistungen, auf die wir ruhig erst einmal selbst stolz sein dürfen. Dann gelingt es auch, andere zu begeistern. Und so entsteht wiederum die positive Energie im Unternehmen selbst, gemeinsam an den richtigen Konzepten für die Zukunft zu arbeiten. Das, davon bin ich überzeugt, spüren am Ende auch die Kunden. Wem es gelingt, mit Herzblut alle mitzunehmen, wird zu den Siegern gehören.

Recruiting auf einem neuen Level.

So entsteht eine positive Grundeinstellung, Dynamik und Freude an der gemeinsamen Weiterentwicklung, die ganz automatisch dazu führen wird, dass auch die Mitarbeiterinnen und Mitarbeiter darüber sprechen werden. Wenn ich mich bei einem Arbeitgeber wohlfühle, weil ich das Gefühl habe, dass etwas vorwärtsgeht, sich der Betrieb in die richtige Richtung entwickelt und ich mich selbst, mit meinen Vorstellungen, Ideen, auch Wünschen, mitgenommen fühle, dann lasse ich das mein privates Umfeld wissen. Wenn wir uns dann noch selbst fragen, wie häufig es vorkommt, dass wir so positive Schilderungen vom Arbeitsplatz hören, dann ist auch klar, wie viel Potenzial solche Werte haben, bei Jobsuchenden eine Menge Aufmerksamkeit zu erfahren.

Die Mund zu Mund-Propaganda ist immer noch die bei Weitem wirksamste Strategie, sei es für Weiterempfehlungen auf der Kundenseite, sei es bei der Gewinnung neuer Mitarbeiterinnen und Mitarbeiter. Wie ich zu dieser positiv ansteckenden Unternehmens- und

Führungskultur komme, das fängt oft schon mit Kleinigkeiten an. Und es muss noch nicht mal zwingend etwas kosten. Wichtig ist, dass sich alle gemeinsam der Aufgabe stellen. Nicht umsonst heißt es ja, der Fisch stinkt immer vom Kopf her.

„You'll never walk alone"
– mit Teamspirit an die Spitze.

III. Generation X, Y, Z

Zunächst sollten wir uns die Rahmenbedingungen ansehen, unter denen viele junge Menschen am Arbeitsmarkt heute erste Erfahrungen sammeln. Natürlich haben wir in unserer Branche einige Vorzeigeunternehmen. Doch brauchen wir noch mehr Leuchttürme in stürmischer See, um unseren Fachkräften von morgen Sicherheit und Zuversicht zu geben. Dabei hat jeder die Chance, sein Einkommen und seine Karriere selbst zu bestimmen. Wir sind unseres Glückes Schmied.

Es ist, und das hat gar nichts großartig mit Werteverschiebungen bei heutigen Generationen zu tun, ganz klar, dass schon sehr viel intrinsische Motivation gefragt ist, um hier noch über den Standard hinausreichende Eigenmotivation zu entwickeln. Und klarerweise macht es diese von jedem Leistungsgedanken losgelöste Überversorgung respektive Überregulierung für alle anderen, wie in unserem Fall handwerklich geprägten, Betriebe nicht gerade einfacher, junge Mitarbeitende für sich zu gewinnen. Wie wichtig das Thema Personalmanagement und Mitarbeitergewinnung heute in unserer deutschsprachigen Branche ist, sehe ich daran, welcher Anteil meiner Coachingaktivitäten auf die damit zusammenhängenden Themen entfällt.

Dabei ist, wie bereits angedeutet, die Range riesig. In vielen Unternehmen genießt die Personalsuche genauso wie die Mitarbeiterzufriedenheit einen sehr großen Stellenwert, was zweifellos der Bedeutung hinsichtlich unserer Leistungsfähigkeit in der Zukunft angemessen ist.

Vielfach stelle ich aber auch fest, dass Potenzial liegen gelassen wird! Dabei würden oft kleine Maßnahmen viel bewirken. Ich möchte auf den folgenden Seiten unterscheiden zwischen neuen Rezepten, die dem Umstand Rechnung tragen, dass sich Prioritäten teilweise sehr wohl verschieben. Familie, Freizeit, Work-Life-Balance – alles das spielt heute eine sehr viel größere Rolle, weil die wirtschaftliche Absicherung ohnehin gegeben ist. Die Erbengeneration an jungen Leuten im Alter von zum Teil unter 30 rückt in den Mittelpunkt – und damit auch das Thema Work-Life-Balance.

> Mehr Mut,
> um Chancen
> zu erkennen.

Vermeintlich. Dazu später mehr. Es gibt aber auch Dinge, die jeder Firmenchef auf kurzem Dienstweg verändern kann. Und die, bei Nichtvorhandensein als Defizit benannt, auch tatsächlich ein Stück weit zeigen, dass das Thema Mitarbeiter noch nicht überall die Priorität hat, die Teil der unternehmerischen Zukunftssicherung sein sollte. Übrigens wurden die Themen Mitarbeitermotivation früher auch schon mal hemdsärmelig gelöst – ohne deshalb weniger zu funktionieren.

Wir empfehlen unseren Partnerunternehmen im NETZWERK zum Beispiel, Gemeinschaftsziele im Unternehmen auszugeben. Wir haben damit ausgezeichnete Erfahrungen gemacht. Denn Erfolgshunger kann ansteckend sein und das ist genau das, was wir brauchen. Wenn es uns gelingt, unser gesamtes Mitarbeiterteam oder zum Beispiel das Vertriebsteam hinter dem gleichen Ziel zu versammeln – natürlich auch weil jeder etwas davon hat, wenn es gelingt, das Ziel zu erreichen – dann bekommen wir positive Energie in die Mannschaft. Wir gehen da übrigens mit Realismus ran. Ich sage immer: Aus einem lahmenden Ackergaul kann ich kein Rennpferd machen; aber aus einem durchschnittlichen einen guten, aus einem guten einen sehr guten Mitarbeiter. Lassen Sie Ihre Mannschaft am Erfolg teilhaben. Feiern Sie Siege gemeinsam und klären Sie Niederlagen individuell. Dauerhafter Erfolg im Unternehmen heißt auch, danke zu sagen.

Dazu muss man etwas über den Tellerrand hinausblicken. Und auch mal bereit sein zu einer in der Gesamtrelation doch kleinen Geste. Wenn mir ein Firmenchef sagt, er habe einen zu hohen Krankenstand zu beklagen, seine Leute seien ausgepowert – dann frage ich ihn natürlich: Und, was machst Du dagegen? Dann kommt es schon mal vor, dass der Unternehmer mit den Schultern zuckt und sagt, seine Leute bekämen doch Urlaubs- und Weihnachtsgeld, das sei doch Goodie genug. Ich frage dann: Wird das kommuniziert, dass das eine Anerkennung ist, gerade auch weil die Situation in den letzten zwei Jahren nicht einfach war, weil nicht genügend Personal da ist usw.? Wenn da nichts mitgeliefert wird an Botschaft, dann verpufft das.

Ich bin der festen Überzeugung, das Thema Überforderung hat etwas mit dem Hamsterrad zu tun, in dem viele feststecken. Und wie kann ich meine Mitarbeiter aus diesem Hamsterrad herausholen? Indem ich Ihnen Aufmerksamkeit und Interesse zuteilwerden lasse. Deshalb widerspreche ich auch, wenn mir Unternehmer wie im angesprochenen Fall erklären, sie konnten ja während der Corona-Pandemie nichts zur Stärkung der Identifikation mit dem Arbeitgeber machen, weil es die Restriktionen verunmöglicht hätten. Die betreffende Person – die Geschichte hat sich genauso zugetragen – hatte mir gesagt, die Leute im Betrieb seien am Limit, die Ausfallquote sei stark gestiegen. Meine Empfehlung war, jedem Mitarbeiter und jeder Mitarbeiterin einen Gutschein über den steuerfreien Höchstbetrag für den Italiener um die Ecke zukommen zu lassen.

> ## Ersetzen Sie langjährige Gewohnheiten durch neue Ideen.

Da hat er dann angefangen, zu rechnen, bei insgesamt 100 Beschäftigten. Für alle? Aber ich ließ nicht locker. Tatsächlich waren die Rückmeldungen überwältigend, einfach weil diese Geste für das Personal vollkommen überraschend kam. Dabei spielte es eine besondere Rolle, dass der Unternehmer die Gutscheine persönlich übergab – die Mitarbeiter hatten ein Lachen im Gesicht. Natürlich kann man das nicht alle Nase lang machen, das ist auch klar. Aber gerade in der angesprochenen Situation war es eine Geste der Wertschätzung, die das aktuelle Betriebsergebnis nicht wirklich gefährdet hat.

Bisweilen ist es auch so, selbst wenn sich die Begeisterung im geschilderten Fall zunächst in Grenzen gehalten hatte, dass ich den Führungskräften im Coaching anmerke, dass sie sich mit der Situation der Belegschaft und der Frage, wie es gelingt, wieder Energie und Feuer zu entfachen, gar nicht beschäftigen. Und zwar deshalb, weil sie selbst in ihrem Hamsterrad gefangen sind. Wenn ich ihnen dann erkläre, was das bei den Mitarbeitenden auslöst, die ansonsten oft fast schon mechanisch ihr Pensum abspulen, dann geht dem einen oder anderen durchaus ein Licht auf.

„Für die weitere Ausrichtung in unserem Familienunternehmen konnten wir von der Beratung sowie dem zielgerichteten Coaching von Oliver Frey nachhaltig profitieren. Die kluge Umsetzung der Maßnahmen führte in unserem Fensterbauunternehmen zu einer deutlichen Verbesserung der wirtschaftlichen Kennzahlen. Auch in der Personalentwicklung unterstützt uns das NETZWERK sehr erfolgreich."
Wolfgang Ruoff
Geschäftsführer Fenster Ruoff GmbH & Co KG

Am Ende geht es um den Faktor Mensch, das ist letztlich nichts anderes als beim Verkaufen. Wenn ich es schaffe, (wieder) eine persönliche Ebene zu erreichen, Verbundenheit mit dem Unternehmen, der Marke herzustellen, kann ich auch die Mitarbeiter ganz anders mitnehmen. Einer der bekanntesten Unternehmer in der Branche ist bis heute, wenigstens in der Unternehmenszentrale, jeden Tag oder zumindest regelmäßig mit dem Fahrrad auf dem Betriebsgelände unterwegs, um so gut wie jedem mal einen Klaps auf die Schulter zu geben, zu fragen „Wie geht's?" oder mal für ein kleines Schwätzchen stehenzubleiben. Das sollte man nicht unterschätzen.

Dabei ist es eine nicht minder gute Idee, die Beschäftigten von Zeit zu Zeit über bestimmte Prozesse, Veränderungen und – ganz wichtig – Zielsetzungen zu informieren. Aber bitte auch kein Overkill. Ich hatte auch schon Schulungen, da habe ich mein Gegenüber gebeten, seine Ziele auf ein Blatt Papier zu schreiben. Als er mir das nachher aushändigte, war die Seite komplett beschrieben. Ich bat ihn, mir die Ziele auswendig zu nennen – da hat sich dann herausgestellt, was ihm wirklich wichtig war. Aber zurück zum Unternehmer mit dem Fahrrad: Alleine sich sprichwörtlich mal sehen zu lassen, mal ein kurzes „Hallo", ein lockerer Spruch – das macht oft schon viel aus.

Was passiert, wenn der Bezug verlorengeht – auf beiden Seiten – ist wechselseitiges Unverständnis, Entfremdung und schließlich das Zerfallen des Unternehmens in das, was Ökonomen als „Silos" bezeichnen: Abteilungen, die ohne Anbindung ans große Ganze agieren, die über ihre Grenzen hinaus keine Informationen mehr teilen, geschweige denn Einschätzungen, Gefühle, positive Energie. Ein weiterer NETZWERK Partner beklagte sich bei mir darüber, dass bei ihm die Stimmung in der Produktion schlecht sei.

Ich fragte ihn: Wann warst Du das letzte Mal in der Produktion? Er konnte es nicht sagen, so lange war es her. Ich sagte ihm: „Dann arbeiten wir beide jetzt an Deinem Zeitmanagement." Das ist genau das Thema Hamsterrad und es macht keinen Unterschied, ob wir über den Mann im Büro oder die Frau irgendwo in der Produktion sprechen. Da stehe ich wirklich dahinter und das hat mit Generation Z – was kommt eigentlich danach, geht's dann wieder von vorne los? – nichts zu tun: Wenn es gelingen soll, in einem Unternehmen alle hinter den gemeinsamen Zielen zu versammeln, dann sind zwei Dinge unabdingbar:

1. Diese Ziele mindestens zu kommunizieren, allenfalls auch gemeinsam zu erarbeiten. Dann hat auch jeder das Wir-Gefühl, sich damit identifizieren zu können.

2. Sich öfter als nur einmal im Jahr auf der, wenn es denn eine gibt, Weihnachtsfeier zu sehen. Dann entsteht eine persönliche Bindung und daraus erwächst Verantwortungsgefühl und am Ende des Tages Motivation.

Wir haben darüber gesprochen, dass unsere Branche in den nächsten Jahren mit einiger Wahrscheinlichkeit wieder mehr Verdrängungsmarkt erleben wird. Um dafür gewappnet zu sein, muss ich mich gerade auch, was den Faktor Mensch angeht, fragen, ob ich meine Hausaufgaben gemacht habe.

Ziehen im Unternehmen alle an einem Strang? Und, die Gretchenfrage: Wer ist bereit, sich auf Veränderungen einzulassen, daran mitzuwirken, Entwicklung zu gestalten? Darauf brauche ich auch und gerade in der Fenster- und Türenbranche gute Antworten, um den einen, am Ende entscheidenden Schritt voraus zu sein. Wenn ich gute, selbstständig denkende, mündige Mitarbeiterinnen und Mitarbeiter habe, dann erwarten die darauf ebenfalls Antworten.

Wenn ich will, im übertragenen Sinn, dass die Leute das Schiff auf Kurs halten und bei Flaute auch mal rudern, dann haben die einen Anspruch darauf, zu wissen, wohin gesegelt wird. Deshalb kann trotzdem nicht jeder der Steuermann sein. Aber der Steuermann, wenn er auf den Konsens der Mannschaft angewiesen ist – zumindest in grundlegenden Dingen wie Arbeitseinsatz, Verhaltensregeln, Kundenorientierung – sollte mit der Besatzung sprechen.

Und es gibt Beispiele, die zeigen, dass das hervorragend funktionieren kann. Und ja, das sind dann auch die Unternehmen, die aus Mund-zu-Mund-Propaganda wirklich noch qualifizierte Bewerbungen und Anfragen für Lehrstellen generieren. Weil sich so etwas genauso herumspricht wie die Zahl auf dem Lohnzettel. Dann kommt natürlich noch etwas anderes, vielleicht nicht immer für jeden Greifbares hinzu. Das Thema gesellschaftlicher Relevanz und Anerkennung hatten wir schon gestreift – und das gilt genauso, eigentlich noch mehr, wenn wir über (Arbeitgeber-)Marken in der Region sprechen.

Wer bezahlt jeden Mitarbeiter – der zufriedene Kunde!

Wer bekommt mehr Respekt, bei Gleichaltrigen, Freunden, in der Region, derjenige, der bei einem namhaften Industrieunternehmen arbeitet oder der/die in der Pflege? Die Antwort, die im Widerspruch zu den täglichen Beteuerungen steht, wie wichtig Pflegeberufe sind, kennen wir. Und ich denke, sie würde vielfach ähnlich ausfallen, wenn der Zulieferbetrieb mit einem Fensterhersteller um die besten Nachwuchskräfte der Region konkurrierte. Was können wir dagegen tun – wie schaffen wir es, unseren Betrieb auf die Agenda, den Plan junger Arbeitssuchender zu bringen? Ganz klar, die Antwort heißt Präsenz. Das schließt verschiedene Aspekte mit ein: Sie haben der örtlichen Fußballmannschaft einen Satz Trikots spendiert? Dann sorgen Sie dafür, dass das örtliche Anzeigenblättchen ein Foto bringt. Posten Sie ein Foto oder kurzes Video auf Ihrem Instagram oder TikTok Account, machen Sie Ihre Website zum Nachrichtenportal für das eigene Unternehmen. Bringen Sie sich ins Bewusstsein!

Wenn bei Ihnen im Haus immer wieder kleinere Veranstaltungen stattfinden – lokale Künstler, denen Sie die Möglichkeit geben, einige Bilder aufzuhängen, oder ein kleiner Empfang für die örtliche

Faschingsgruppe – wird das in irgendeiner Weise, medial oder im kurzen Schnack beim Wirt oder Frisör, für Gesprächsstoff sorgen. Holen Sie Ihren Betrieb aus der Anonymität, öffnen Sie sich ein kleines Stück, damit Sie möglichen Interessenten die Gelegenheit geben, Notiz von Ihnen zu nehmen – und werden Sie dadurch auch greifbarer.

Werbung muss nicht immer teuer sein.

Was denken Sie, wie würden Ihre Mitarbeiter auf folgende Frage reagieren: Über Euch liest man ja neuerdings einiges – wie ist es, für dieses Unternehmen zu arbeiten? Die normale menschliche Reaktion ist immer eine gewisse Befriedigung darüber, dass das, was man tut, plötzlich auf vorsichtiges Interesse, vielleicht sogar Neugierde stößt.

Das lässt sich natürlich gezielt befeuern, etwa indem man für Interessierte kompakte Führungen durch die (vielleicht auch schon weitgehend automatisierte) Fertigung anbietet. Natürlich hat das etwas mit der Bereitschaft zu tun, sich von der doch in früheren Zeiten verbreiteten Closed Shop-Mentalität zu verabschieden. Es kann auch mal ein paar Euro kosten. Aber die Alternative ist weiter, mit kaum erfolgsträchtigen Anzeigen um die Kids zu werben, die anderswo, vorsichtig formuliert, nicht erste Wahl sind. Und das macht dann wieder etwas mit dem Selbstbewusstsein im Betrieb und der Ausstrahlung nach außen – der häufig beschriebene Negativkreislauf.

Der Tag der offenen Tür nützt nichts einmal im Jahr, sondern muss jeden Tag möglich sein. Nämlich dann, wenn der Kaufinteressent zum Beispiel nach der Präsentation in der Ausstellung einen Einblick in weitere Abläufe des Betriebs oder gar in die Produktion erhält.

Wenn wir den Hebel umlegen, den bestehenden Mitarbeiterinnen und Mitarbeitern ein positives Selbstbild geben wollen für das, was sie tun, und eine ganz andere Wirkung nach außen erzielen möchten, dann sollten wir darauf achten, nicht vorzugeben etwas zu sein, was wir nicht sind. Das funktioniert auf Dauer ganz selten. Wir wollen die Offenheit ausstrahlen, die junge Menschen (und auch viele, die nicht der Generation Z angehören) heute erwarten.

Mein Vorschlag: Nehmen Sie die Personen im Unternehmen mit, die die Bereitschaft und Befähigung erkennen lassen, mehr Verantwortung zu übernehmen; machen Sie sie zu Markenbotschaftern einer neuen Kultur. Worum es dabei nicht geht, ist, Mitarbeiterinnen und Mitarbeiter mit undifferenzierten Wohltaten zu überhäufen. Die Zielsetzungen lauten:

1. Sorgen Sie dafür, den Führungskreis mit Augenmaß so zu erweitern, dass wichtige Entscheidungen innerhalb des Unternehmens auf einer breiteren Basis getroffen werden. Das verbessert die Akzeptanz und macht die Mitarbeiterinnen und Mitarbeiter, die dieses Vertrauen spüren, zu Botschaftern Ihrer neuen Führungs- und Unternehmenskultur.
2. Zeigen Sie Mut, indem Sie den Schritt nach außen hin dokumentieren. Zum Beispiel indem Sie darüber auf Social Media informieren oder entsprechende Fortbildungsmöglichkeiten speziell für die Personen des erweiterten Führungskreises anbieten und auch das in der Öffentlichkeitsarbeit nicht unerwähnt lassen.

Worum geht es bei einer solchen Maßnahme, wenn sie nicht bloß reines Lippenbekenntnis sein soll? Es gibt durchaus Gehaltsmodelle, die einerseits der Übernahme von mehr Verantwortung durch die genannten Personen Rechnung tragen; die aber gleichzeitig diese Mitarbeitenden auch langfristig ans Unternehmen binden. Ein schönes Instrument kann bei entsprechendem Interesse auch eine Art Tutorenrolle für jüngere Kolleginnen und Kollegen sein, die die intern aufgewerteten Mitarbeiter übernehmen – und damit ja auch in den eigenen Reihen eine gewisse Anerkennung erfahren.

Wichtig ist, oft wichtiger als das Geld, dass Sie als Verantwortlicher, Vorgesetzter oder Firmenchef auch durch Ihr Verhalten signalisieren, dass Sie den (höheren) Beitrag, den die Angehörigen des neuen Führungs- oder Leitungskreises leisten, auch persönlich zu schätzen wissen. Im Grunde handelt es sich dabei in der Wahrnehmung oft um nichts anderes als den Klaps auf die Schulter, über den sich die Jungs in der Produktion freuen, aber auf einer anderen Ebene. Es ist einfach wichtig, auch hier persönlich danke zu sagen und das gegebenenfalls auch über Zielvereinbarungen für Führungskräfte im monetären Bereich. Letztlich geht es darum, im persönlichen Verhalten ein besonderes Maß an Respekt und Wertschätzung zum Ausdruck zu bringen.

Sind die Kandidaten für mehr Verantwortung mit Bedacht gewählt, hat das Auswirkungen nach innen und außen. Einerseits wird sich der eine oder andere Kollege vielleicht denken: Oh, das lohnt sich ja doch, sich anzustrengen, Initiative zu zeigen. Andererseits entsteht nach außen ein Bild von einem Betrieb, bei dem nicht allein der Chef oder Geschäftsführer den Vortänzer gibt und alle anderen haben zu spuren. Dafür darf man dann auch etwas einfordern.

Und das möchte ich ganz konkret am Thema Arbeitszeiten festmachen. In der Industrie hält sich der Spruch: Freitags um eins macht jeder Seins. Ich fand den Spruch noch nie gut. Ich bin dafür auch nicht der Typ, versuche jeden Tag dazuzulernen und auch nach 35 Jahren in der Fensterbranche noch die Augen offenzuhalten. Dieser Anspruch verträgt sich nur sehr eingeschenkt mit der Haltung, dass das Wochenende am Freitag um 13 Uhr beginnen muss. Ich will das aber auch nicht verallgemeinern, weil ich natürlich mit großem Interesse verfolge, wie Betriebe in unserem NETZWERK bereits ganz konkret mit der 30 Stunden- oder Vier Tage-Woche ihre Erfahrungen sammeln.

Grundsätzlich gilt: Es geht nicht in erster Linie darum, länger zu arbeiten, sondern deutlich effektiver. Mit flexiblen Arbeitszeitregelungen, die sich sowohl an den Zielen des Unternehmens als auch an den Bedürfnissen der Mitarbeiter ausrichten, gelingt es, die Beschäftigten auch dann mitzunehmen, wenn besondere Maßnahmen erforderlich sind. Andererseits riskieren Sie mit einem zu starren Festhalten an den bisherigen Regularien, dass Mitarbeiter Ihr Unternehmen verlassen und sich woanders weiterentwickeln.

Am Ende, und das scheint mir der Kern des Themas, muss es für beide, das Unternehmen und den Mitarbeiter, Sinn zu machen. Und da sind wir gefordert, genau hinzusehen. Beispiel: Wenn jemand in der Auftragserfassung gerne morgens um 7 Uhr damit beginnt, seine Daten einzugeben, weil er oder sie aus familiären Gründen gerne nachmittags eher zu Hause ist – und die anhängigen Themen mit dieser Herangehensweise bewältigbar sind – dann spricht da für mich erstmal nichts gegen. Im Vertrieb sieht die Sache anders aus.

Im Vertrieb richtet sich alles nach dem Kunden – und nach der größten Wahrscheinlichkeit auf den angestrebten Verkaufserfolg.

Die Arbeitszeiten im Vertrieb müssen sich an den Kunden orientieren.

Wir haben es heute gemeinhin, egal ob Kundin oder Kunde, mit berufstätigen Personen zu tun. Und wenn ich im Endkundengeschäft tätig bin, dann ist so viel Flexibilität gefragt, dass ich als Verkäufer zur vom Interessenten gewünschten Zeit zur Verfügung stehe. Dieses Commitment, dass ich als Arbeitnehmer meine Arbeitszeiten an der Frage ausrichte, wann für meine Firma die Aussicht auf Erfolg am größten ist, würde ich erwarten wollen. Ob im Fach- oder Elementehandel oder im Umgang mit Endkunden, Vertriebsmitarbeiter finden bei ihrem Gegenüber häufig dann ein offenes Ohr, wenn dessen eigentliche Arbeit getan ist.

Und da sind wir jetzt bei den sich heute im Arbeitsmarkt verändernden Anforderungen. Wenn es nicht alleine ums Geld geht, kann so etwas mit Vertrauensarbeitszeit funktionieren. Nämlich so: Der Vertriebsmitarbeiter fängt an dem Tag eine Stunde später an, geht dann topfit in den Kundentermin am Abend im Showroom, kann aber gleichzeitig auch mal unter der Woche freinehmen, um zum Beispiel einen Arzttermin mit dem Kind wahrzunehmen. Nichts Neues eigentlich, aber machen wir das konsequent?

Wir erinnern uns noch an den Anfang, ans Verkaufsgespräch. Worüber haben wir gesprochen? Über die Budgetfrage und die Bedarfserfassung. Lassen Sie uns das doch auf die Einstellungsthematik übertragen. Denn auch die neue Mitarbeiterin / der neue Mitarbeiter hat einen speziellen Bedarf: Das ist im einen Fall die eingeschränkte Verfügbarkeit, die es mit Blick auf familiäre Verpflichtungen zu berücksichtigen gilt, im anderen Fall vielleicht der Wunsch nur so weit fahren zu müssen, dass auf Übernachtungen außer Haus verzichtet werden kann. Das kann dann konkret dazu führen, beispielsweise eine Gebietsreform in Angriff nehmen zu müssen, wenn die Reisebereitschaft nicht mehr wie früher voraussetzbar ist.

Ganz klar ist: Auch hier bringt uns der Satz „Das haben wir aber immer schon so gemacht" nicht weiter. Funktionieren muss es. Für beide Seiten – und das ist eine wichtige Botschaft an die Mitarbeiterin und den Mitarbeiter. Ich als Unternehmer zeige die Bereitschaft, mich bei den Rahmenbedingungen zu bewegen. Aber gleichzeitig fordere ich die Einsatzbereitschaft bei meinen Leuten ein. Es ist keine Einbahnstraße. Und insbesondere gilt es, klarzumachen, dass am Ende alle gemeinsam Erfolge realisieren und die Teamleistung am Kunden ausrichten müssen.

Warum haben wir so riesengroße Probleme, Leute für die fachgerechte Montage zu gewinnen? Das hat natürlich schon etwas damit zu tun, dass ich mir absolut Gedanken machen muss, wie diese körperliche Arbeit für Personen, die dafür infrage kommen, attraktiv gemacht werden kann. Und wenn ich nach möglichen Kandidaten suche, dann fange ich naheliegenderweise am ehesten in der Produktion an. Grundsätzlich sehe ich da folgende Möglichkeit.

Mir gelingt es, mich auch über die rund um mein Fenster erbrachten Dienstleistungen zu unterscheiden. Das ist ein zentraler Punkt, wenn wir über Zukunftskonzepte sprechen. Schließlich ist der

Monteur für die Wahrnehmung, die meine Firma beim Fenster-käufer hat – insbesondere im die nächsten Jahre noch wichtiger werdenden Bereich der privaten Sanierung – von grundlegender Bedeutung. Den Aspekt des Fenstereinbaus können wir in puncto Kundenzufriedenheit gar nicht hoch genug einschätzen. Und wie diese Aspekte dann ganz konkret vor Ort aussehen, habe ich viel-leicht noch mehr im Griff, wenn ich die Montage mit eigenen Fach-leuten anbiete.

Aber wer macht es? Eine Möglichkeit ist beispielsweise, wenn es mir gelingt, mit modernster Ausstattung und den am Markt verfügbaren Hebe- und Traggeräten sowie Liftern und natürlich einer mehr als fairen Bezahlung Leute aus meiner Produktion dafür zu motivieren, unsere Fenster zu montieren. Dann bin ich wirklich dazu verpflich-tet, und zwar in meiner unternehmerischen Verantwortung, ihnen zu zeigen, wie wichtig sie für das große Ganze sind. Weil das in Hinblick auf die Marktentwicklung und das Potenzial im Bereich der Sanierung ein absoluter Erfolgsfaktor für die Zukunft ist.

Dazu müssen wir die Montage als Mehrwert verkaufen, und zwar zu deutlich höheren Konditionen. Habe ich jemanden, der sich mit einem solchen Konzept selbstständig machen will, dann bin ich mit Sicherheit gut beraten, ihm zu signalisieren, dass mir an einer lang-fristigen Zusammenarbeit gelegen ist und er regelmäßig mit Mon-tageaufträgen von mir rechnen kann.

Im Verkauf geht es darum, dem Kunden klarzumachen, wie hoch-wertig unsere Produkte sind und dass diese nur bei absolut feh-lerloser Montage auch ihren Kundennutzen voll entfalten. Die-ses Qualitätslevel kostet Geld. Dafür hat der Fensterkäufer/die

Fensterkäuferin die Gewissheit, ein Fenster bzw. eine Haustüre zu erhalten, das/die nicht nur theoretisch funktioniert. Wenn es uns gelingt, dass der Kunde unsere State of the art-Dienstleistung wertschätzt, dann finden wir auch Modelle, um den ausführenden Personen diese Wertschätzung weiterzugeben. Dann haben wir die gewünschte Win-win-win-Situation.

> **Was nichts kostet, hat auch keinen Wert!**

Am Kunden ausrichten müssen wir, wie bereits angesprochen, auch die Verfügbarkeit unseres Personals. Ganz ehrlich: Nach meiner Erfahrung funktionieren Verkaufsgespräche besonders gut am Freitag ab 16 Uhr. Und, denken wir an uns selbst, ist das doch auch eigentlich wenig überraschend. Viele Menschen freuen sich am Freitag aufs Wochenende. Und das gilt umso mehr, wenn sie wirklich am Freitag in dem Gefühl nach Hause gehen, sich das Wochenende auch verdient zu haben. Deshalb: Richten Sie Ihre Verkaufsbemühungen am Kundenbedarf aus. Und machen Sie den involvierten Vertriebsmitarbeitern klar, dass sie ihr dementsprechendes Commitment, solche Termine zu übernehmen – und dann idealerweise erfolgreich zu gestalten – durchaus bereit sind, zu honorieren. Wer Einsatz bringt, muss auch belohnt werden.

Da tickt jeder Mitarbeiter anders. Genauso wie es nicht den einen Typ Chef gibt. Mir ist aber wirklich wichtig, zu erwähnen, dass ich weit davon entfernt bin, die jungen Leute, die gemeinhin der Generation Z zugerechnet werden, über einen Kamm zu scheren. Und zwar weil ich persönlich mehrere Vertreter und Vertreterinnen dieser Altersgruppe kennengelernt habe, die durchaus hungrig nach Erfolg, nach Anerkennung sind, die auch noch für Geld und Wohlstand arbeiten und einen enormen Ehrgeiz und Eigenantrieb haben. Genau diese Talente brauchen wir. Da kommt NETZWERK ins Spiel, weil wir für unsere Partner genau diese Talente finden.

Es liegt an uns, ihnen die richtigen Perspektiven zu bieten. Auffällig ist gleichzeitig, dass ganz viele aus diesen Jahrgängen ein uns manchmal übergroßes Bedürfnis nach (Planungs-)Sicherheit haben. Und damit sollten wir nicht leichtfertig umgehen; weil sonst die Gefahr besteht, dass wir leistungsfähige Mitarbeiterinnen und Mitarbeiter verlieren, nur weil wir sie an bestimmten Überlegungen nicht teilhaben lassen, sie in Prozesse nicht einbeziehen, von denen sie aber sehr wohl spüren, dass sie Auswirkungen haben könnten auf das Thema Arbeitsplatzsicherheit. Ein Beispiel ist die Nachfolgeregelung im Unternehmen: Heutzutage sollte ich als vor dem Ausscheiden stehender Verantwortlicher genau darauf achten, dass ich durch zu langes Hinauszögern einer praktikablen Sprachregelung – dazu muss ich auch die grundsätzliche Entscheidung hinsichtlich der Nachfolge irgendwann treffen – nicht jene gefährliche Mischung aus Schulterzucken und der Verbreitung von Halbwissen erzeuge, die ganze Betriebe lähmen und sogar strategische Themen wie die Bewilligung des Kredits für den dringend benötigten Anbau durch die Hausbank beeinträchtigen können.

All das ist Sprengstoff und zugleich für Menschen potenziell verunsichernd, die dann die Tendenz haben, sich alleingelassen zu fühlen, und vielleicht sogar überreagieren, indem sie aktiv einen Jobwechsel betreiben, weil sie sich einreden, das bisherige Beschäftigungsverhältnis stehe auf der Kippe.

„Wir konnten durch ganz gezielte Beratungsmaßnahmen und das Coaching von Oliver Frey unsere Performance deutlich verbessern. Für unser mittelständisches Familienunternehmen in der Fensterbranche, das sich im Generationenumbruch befindet, hat er uns mit seiner Routine enorm weiter geholfen. Er hat uns Wege und Ziele aufgezeigt, die wir dann auch sehr erfolgreich umgesetzt haben. NETZWERK ist für uns daher genau der richtige Weg in die Zukunft."

Rainer Reichert

Geschäftsleitung Blaurock GmbH

Als Zwischenfazit möchte ich das Personalthema so einordnen, dass es in den allermeisten Fällen durch eine zeitgemäße Führungs- und Unternehmenskultur sehr wohl möglich ist, Mitarbeiter in gemeinsamen, realistischen Zielvereinbarungen mitzunehmen, wenn diese umgekehrt auch das Gefühl haben, dass ihre Belange zählen.

Aber es gibt auch andere Fälle. Und das ist auch nicht dramatisch. Nur muss ich dann als Unternehmer eben manchmal eine Entscheidung treffen. Und zwar spätestens dann, wenn sich jemand in den eigenen Reihen als Brunnenvergifter herausstellt. Es gibt eben Leute, für die ist das Glas halb leer. So lange sich das in privat geäußerten Ansichten niederschlägt, ist das jedermanns eigene Angelegenheit. Aber wenn es darum geht, im Unternehmen Aufbruchsstimmung zu erzeugen, die Kolleginnen und Kollegen mit positivem Spirit hinter den gemeinsamen Zielen für eine erfolgreiche Zukunft zu versammeln, dann kann so eine Person zum Problem werden. Da gibt es sicher ein Instrumentarium an Möglichkeiten, wo man versucht, über persönliche Zielvereinbarungen auch konkrete, heutzutage manchmal ganz andere Anreize zu schaffen, Gespräche zu führen, denjenigen oder diejenige in die Verantwortung einzubinden.

Aber es kann auch diesen Punkt geben, an dem man final feststellt, mit jemand nicht weiterzukommen. In meinen Unternehmercoachings benenne ich da durchaus meine Eindrücke. Und die Schlussfolgerungen sind nicht immer angenehm, vom menschlichen Aspekt einer Trennung mal abgesehen kann so eine Vertragsauflösung die Firma ja schnell mal richtig viel Geld kosten. Es gibt aber konkret benennbare Fälle, wo ein solcher Schritt auch dazu führte, nachhaltig neue Energie in der Mannschaft zu entfachen. Und das brauchen wir. Weil es allen, die am und im Unternehmen arbeiten, guttut. Weil es erfolgreicher macht. Weil es die Kunden spüren. Und weil es neue, gute, motivierte Mitarbeiter anzieht.

> Wir sind alle ein Vertrieb,
> egal ob Außen- oder
> Innendienstmitarbeiter.

Ich kann nur jedem empfehlen, über gezielte Coachingmaßnahmen, wie sie die Partnerunternehmen in meinem NETZWERK empfehlen, weil sie die positiven Resultate erleben, für ein einheitliches Niveau beispielsweise zwischen Außen- und Innendienst zu sorgen, alle im Betrieb mitzunehmen und so zählbare Vorteile für das Unternehmen und die Mitarbeitenden zu erreichen. Wir haben da als Branche noch Luft nach oben, aber gerade bei uns im NETZWERK ganz tolle Beispiele dafür, was machbar ist. Natürlich fügen sich alle Schritte, die wir mit den Unternehmen umsetzen, in die jeweilige Strategie ein und haben etwas zu tun mit der

Betriebsgröße, dem Geschäftsmodell, der Differenzierung und auch den Kundensegmenten. Da gibt es keine Rezepte von der Stange.

Bereitschaft zu Veränderung und Neuausrichtung.

Aber es gibt Rezepte. Nehmen wir das Thema Homeoffice, nehmen wir die dafür erforderliche Ausstattung. Wir kommen um die Erkenntnis ja nicht herum, dass im Zuge der Pandemiebekämpfung solche Modelle, das vielzitierte mobile Arbeiten und eben die Arbeit von Zuhause, heute vielmehr Anwendung finden, als dies in früheren Jahren der Fall war. Und für mich ist dabei völlig klar, die Entwicklung kann sich, wie es oft der Fall ist, als sinnvoll herausstellen – und sie kann sich nachteilig auswirken. Das hat nicht zuletzt mit den Menschen, in dem Fall auch mit den Arbeitnehmern, zu tun. Und da muss man hinschauen. Am Ende geht es eben um Ergebnisse. Aber man muss sich auch selbst, als Arbeitgeber, als Unternehmer, als Personalverantwortlicher fragen, ob man alles dafür getan hat, dass der Angestellte im Homeoffice die bestmögliche Leistung erbringen kann. Die Kommunikationsprozesse müssen passen, alles andere ist von vorgestern. Und die Anbindung an die EDV-Strukturen müssen auf Top-Niveau funktionieren.

Diese Möglichkeiten haben wir heute. Und wenn ich will, dass meine Mitarbeiter performen, müssen die Strukturen bereitgestellt werden. Das ist meine Verantwortung als Chef. Und der muss ich mich genauso stellen, wie ich das von meinen Beschäftigten erwarte und dann auch erwarten kann und muss. Das sind Themen, die wir in den Betrieben in offener Atmosphäre in meinen Coachings auch erarbeiten.

Wenn da von guten, engagierten Verkäufern das Feedback kommt, das und das kann ich in unserem Unternehmen gar nicht zeigen, dann bekommt der Geschäftsführer auch von mir die entsprechende Aufgabe gestellt. Weil ich anderenfalls meinem Auftrag, Dinge voranzubringen, nicht gerecht werde. Es ist einfach so, dass in einem erfolgreichen Unternehmen die Dinge und die Menschen in Bewegung sein müssen. Das gilt für alle. Und es macht auch mehr Spaß, auf diese Art zu führen.

Innovative Konzepte für die Markterfolge von morgen.

Weil ich dann auch als CEO oder Manager involviert bin und natürlich eine ganz andere Glaubwürdigkeit besitze, als wenn ich Ansprachen über Veränderungsbereitschaft und agile Unternehmenskultur halte, aber selbst am liebsten alles beim Alten lasse. Sich weiterzuentwickeln, bedeutet offen zu sein für Verbesserungen und bereit zu sein, diese selbst anzuschieben und auch umzusetzen. Das hat nichts Guruhaftes. Aber wenn ich zu meinen Fensterbaupartnern oder Kooperationspartnern, von denen uns einige bereits seit den Anfängen von unserem NETZWERK begleiten, zum Coaching komme, dann geht es darum, Abläufe im Unternehmen auf den Prüfstand zu stellen und innovative Konzepte für die Markterfolge von morgen zu implementieren. Das geht zum einen nur in Zusammenarbeit mit der Geschäftsführung. Diese muss dann aber auch, und das ist der andere Aspekt, bereit sein, die Themen in Angriff zu nehmen, die Weichen zu stellen.

Das sage ich auch genauso: Alles andere sind Alibiveranstaltungen mit der einen oder anderen Motivationsrede. Aber wenn man sich die Zeit nimmt, um wirklich das Unternehmen in Bewegung zu bringen – und einer meiner Wahlsprüche lautet: Wer bremst, verliert – dann muss man den Weg auch bis zum Ende gehen.

Ich sage den Mitarbeiterinnen und Mitarbeitern: Ich komme jetzt in Deine Komfortzone. Dann geht es genau um die hier bereits angeschnittenen Fragen: Kannst Du Dir vorstellen, am Freitag um 16 Uhr ein erfolgreiches Verkaufsgespräch zu führen, wenn seitens des Unternehmens die Rahmenbedingungen stimmen – und wie müssen diese aussehen? Aber das gilt dann eben auch für den Chef, wenn es wie angesprochen um die Ausstattung in der Ausstellung, auf der Baustelle und um leistungsbezogene Gehaltsmodelle geht. Da müssen wir dann nicht minder den Hebel umlegen.

Als ich vom Halbzeugehandel in die Industrie zu Stadur gewechselt war, und sich die Umsätze und Erträge innerhalb weniger Jahre in meinem Vertriebsgebiet extrem positiv entwickelten, weil ich wirklich Gas gegeben habe, da bin ich nicht stehengeblieben. Stattdessen überlegte ich, was es für Möglichkeiten geben könnte, den Ablauf weiter zu optimieren, schneller zu werden, Kosten zu reduzieren – und ich habe in meinem Vertriebsgebiet als Idee erfolgreich das Streckengeschäft eingeführt, ohne meine Fachhandelspartner außen vor zu lassen. Mein zuständiger Geschäftsführer hat sich meinen Vorschlag angehört und gesagt, das probieren wir doch mal.

Und da ich die Verbindung zu Cadillac Plastic hatte, haben wir dann die Sandwich-Paneele unter anderem zu den großen

Fensterherstellern geschickt. Ohne Umweg übers Lager, direkt zum Kunden. Dieser Mut, der geht heute manchmal verloren. Denn es gibt die jungen Leute, die etwas reißen wollen, ja noch immer. Aber denen muss man auch zeigen, dass es sich lohnt, was zu reißen. Ich hatte bereits in den 80er-Jahren, als ich noch bei Cadillac Plastic war, wirklich eines der ersten Autotelefone. Weil es einfach Sinn machte und das auch der Niederlassungsleiter ganz schnell erkannte. Das war noch das C1-Netz, ein riesiger Koffer, und natürlich kosteten eigene Anrufe ein Heidengeld: „Herr Frey, Sie rufen mich nicht an. Ich rufe Sie an." Hier war es aber bald so, dass wir durch schnellere Kommunikation (natürlich habe auch ich angerufen, denn warum brauche ich sonst ein Autotelefon) deutliche Umsatzzuwächse generieren konnten. Das war ein Meilenstein, denn bisher musste ich täglich von der Telefonzelle meine Informationen und Aufträge durchgeben. Eine andere Zeit, aber ebenfalls sehr spannend.

Sowohl bei Stadur als auch danach bei KBE konnte ich zu, für die damalige Zeit, sehr attraktiven Konditionen arbeiten. Meine Vertragspartner wussten, dass sie ein Payback in Form frischer Vertriebsideen und mit vollem Einsatz für die Kunden bekommen. Sie wussten auch, dass es in ihrem eigenen Interesse ist, einen top motivierten Mitarbeiter an den Start zu bringen.

Wie heißt es so schön: Jeder hat etwas, das ihn antreibt. Wieso finden wir es nicht als Arbeitgeber und nutzen dieses Instrument? Ich bin ganz sicher, die überwiegende Mehrheit der Leute wird es, wenn sie etwas Anleitung bekommt, mit guten, vielleicht auch sehr guten Leistungen zurückzahlen.

Das Glas ist halb voll, das sollte ich als Unternehmer auch vorle-
ben. Mein Ziel ist es, dass meine Mannschaft positive Dinge mit
der Firma assoziiert, weil jeder das Gefühl hat, sich einbringen zu
können, Entwicklungsmöglichkeiten zu haben, gehört zu werden.
Dazu muss ich mich mit Kunden und Märkten beschäftigen und
nicht nur irgendwelche Löcher im Stellenplan stopfen.

Wenn eine Mannschaft ihren Toptorjäger verliert und nachher
mehr Tore schießt als zuvor mit dem Goalgetter, und wenn der
Stürmerstar selbst bei einem anderen großen Verein plötzlich nicht
mehr das erreicht, was er mit seinem anderen Klub geschafft hat,
dann weiß ich, wie wichtig die Mannschaft ist.

**Mit positivem Spirit
die Kultur im
Unternehmen verändern!**

Darum geht es, positives Bewusstsein zu erzeugen. Ich sage, wie
bereits kurz erwähnt, ganz oft zu meiner Familie: „Wir haben die
geilsten Kunden, die Besten der Besten, und wir sind in der schöns-
ten und geilsten Branche der Welt mit den tollsten Produkten zu
Hause." Das leben wir im NETZWERK. Dieses Bewusstsein nehmen die Leute in unseren Coachings mit und lernen, es in ihren
Unternehmen zu verankern. Und diesen Spirit erleben sie auf unseren Veranstaltungen. Denn wer das, was er tut, und die Menschen,
mit denen er es tut, wertschätzt, der wird eine Menge positiver
Energie um sich herum spüren. Und das ist, was wir brauchen.

Niklas Frey   Oliver Frey   Tanja Frey   Jannik Frey

BEST-OF
NETZWERK
PARTNERTAG

IV. Ich, das Trüffelschwein

Reinhold Kober im Dialog und ganz persönlichen Podcast mit Oliver Frey. Kompakt nachgefragt zum besseren Verständnis:

Was treibt Sie täglich immer noch an, trotz der großen Erfolge mit Ihrem NETZWERK?
Die pure Lust und der Spaß am Erfolg im Vertrieb.

Woher nehmen Sie die Motivation und den ständigen Antrieb?
Aus der enormen positiven Entwicklung vieler unserer Partnerunternehmen in den letzten Jahren.

Wie ist das zu verstehen?
Wir begleiten in den langfristigen Coachingaktivitäten unsere NETZWERK Partner, von denen wir beauftragt werden. Zu sehen, wie sich die betriebswirtschaftlichen Kennzahlen permanent auf einem hohen Niveau weiter verbessern, gibt eine innere Zufriedenheit. Das ist gleichzeitig Ansporn für die Zukunft, weiter aktiv zu bleiben.

Warum beauftragen Sie NETZWERK Partnerunternehmen, um besser zu werden, laut Ihrem Leitmotiv „Wir machen gute Unternehmen besser"?
Weil gute Unternehmer den neutralen Austausch auf Augenhöhe mit einem Branchenkenner suchen, um die zukünftigen Weichen in ihren Unternehmen zu stellen.

Nehmen Sie noch neue Partnerunternehmen ins NETZWERK auf und was sind die Voraussetzungen?

Das Anforderungsprofil bei Industriepartnern ist, dass wir durch Innovationen und Ideenreichtum auch unsere Fensterbaupartner gemeinsam weiter an die Spitze in unserem Markt führen.

Und was müssen neue Fensterbaupartner mitbringen?

Die Bereitschaft, aktiv zu netzwerken und eine offene Kommunikation mit anderen Partnerunternehmen zu führen.

Das heißt, jeder hat die Chance in Ihr NETZWERK aufgenommen zu werden?

Grundsätzlich ja, aber die wirtschaftlichen Rahmenbedingungen, die bisher bei den Unternehmen vorhanden sind, müssen eben auch gegeben sein.

Was heißt das im Detail?

Wir wollen auch unsere umfangreichen Dienstleistungspakete für unsere NETZWERK Partner verkaufen, um die Unternehmen weiterzuentwickeln. Diese Bereitschaft und Möglichkeiten sollten dafür auch gegeben sein.

Das bedeutet, Sie lehnen Anfragen auch ab?

Ja, im Durchschnitt ein bis zwei Interessenten pro Monat, die eben gewisse Voraussetzungen nicht erfüllen oder bei denen das Gesamtpaket nicht passt.

Das könnte der eine oder andere als Arroganz oder Überheblichkeit auslegen?

Das ist überhaupt nicht der Fall. Wir wissen genau, wo wir herkommen. Wir wollen aber Partner im NETZWERK haben, die zu unserer Fensterbaufamilie passen.

Verlieren Sie auch Partner aus Ihrem NETZWERK?

Ja, durchaus geht immer wieder mal ein Unternehmen raus aus unserer Gemeinschaft. Aber das ist im Vergleich zu unseren langfristigen Partnerschaften eher die Ausnahme.

Was machen Sie, wenn Sie ein Partnerunternehmen verlieren?

Wir hinterfragen die Gründe und lernen daraus. Gleichzeitig ist unser Anspruch, dafür zwei neue Partner zu gewinnen, was uns meistens auch gelingt.

Mit welchem Ziel fahren Sie auf Branchenveranstaltungen oder Fachmessen?

Immer mit dem klaren Willen mit einem neuen NETZWERK Partner, sprich Neukunden, nach Hause zu kommen.

Das klingt fast unglaublich?

Ja, aber die Wahrheit ist, das hat bisher immer funktioniert. Entweder direkt bei der Veranstaltung oder in der Nachbearbeitung. Ziele sind dafür da, diese auch umzusetzen.

Lassen Sie uns nochmal zum Grundgedanken bei Ihrem NETZWERK kommen. Die Idee ist ja, dass Leute miteinander in Kontakt kommen, die mit den gleichen Themen und Aufgabenstellungen umgehen und dafür Lösungen brauchen. Also: Profitieren von den Erfahrungen des anderen. Nur: Die Fensterbau-Unternehmer und auch die Lieferanten, die kennen sich doch alle ohnehin, oder?

Ja, das ist ganz klar. Genau das haben mir die Leute beim Start von unserem NETZWERK auch gesagt: „Oliver, aber die kennen sich doch sowieso." Heute kann ich sagen, unsere Überlegung hat zugetroffen: Sich zu kennen und von einer Verbindung wirklich zu profitieren, mit jemand tiefgründig ins Gespräch zu kommen und daraus zu lernen – das sind zwei gänzlich verschiedene Dinge. Wir sorgen für den richtigen Rahmen. Wenn Sie auf unsere Veranstaltungen kommen, dann erleben Sie die Inhaber unserer Unternehmen, die während des Events wirklich die Muße und Offenheit haben, auch neue Dinge an sich heranzulassen. Das gelingt durch positive Atmosphäre, die Inspiration wirklich außergewöhnlicher Referenten und, natürlich, das hohe Augenmerk auf die Qualität, von der Location über das Catering bis hin zu den berühmten Kleinigkeiten, dem persönlichen Gruß auf dem Hotelzimmer.

Werden im NETZWERK auch Geschäfte gemacht?

Aber natürlich! Unser NETZWERK ist eine Business Plattform für Gleichgesinnte, bei der es auch darum geht, zu wissen, dass ich es mit Partnern auf Augenhöhe zu tun habe. Nicht bezogen auf die Größe, sondern auf die Solidität der verschiedenen NETZWERK Partner. Unsere Veranstaltungen sorgen für den richtigen Rahmen, eine besondere, energiegeladene Atmosphäre, von der alle profitieren. Natürlich führt das dazu, dass aus Unternehmen, von denen sich viele seit Jahren lose kennen, enge Partner werden. Für diese Branchenerfolge stellen wir die bestmöglichen Voraussetzungen bereit.

Wie sieht Ihr Rezept für ein erfolgreiches Unternehmen aus?

Es gibt Rezepte, ja. Aber natürlich setzt sich am Ende der Erfolg nicht nur aus einem Kriterium zusammen. Was mich betrifft, in meiner Zeit als Vertriebsmitarbeiter, so war ich immer auf der Suche, in Bewegung, auf irgendeiner Spur. Deshalb würde ich mich auch selbst als Trüffelschwein bezeichnen. Wenn Sie den Schatz im Boden finden wollen, dann müssen Sie schon die Nase runternehmen, die Dinge um sich herum genau prüfen.

Wie wichtig ist es dabei, auf jedes Unternehmen, jeden Kunden individuell einzugehen?

Nun, die Situation ist ja überall eine andere. Das macht es aber gleichzeitig auch so spannend. Heute nimmt das Thema Personalsuche und Mitarbeitercoaching bei unseren Aktivitäten viel Raum ein. Lösungen von der Stange gibt es hier nicht. Vielmehr bringen wir unseren Input und unsere Erfahrungen aus 35 Jahren in der Türen- und Fensterbranche ein und nehmen mit den Unternehmerinnen und Unternehmern alle dahinterliegenden Prozesse unter die Lupe. Unsere Partner im NETZWERK schätzen diese Expertise.

Es fällt auf, wie stark die Probleme in der Branche um das Thema Personal kreisen.

Das ist so und nehme ich auch so wahr. Wir haben zu wenige Facharbeiter, im Vertrieb zu viele, die ihre Kunden nur verwalten, und in der Montage kaum Perspektiven für leistungsorientiertes Personal. Denn eine ausgezeichnete Montage muss mitverkauft werden, und zwar hochwertig. Unsere Branche ist, auch wenn vielerorts industrielle Strukturen Einzug gehalten haben, handwerklich geprägt. Viele Unternehmer kommen aus dem Fensterbau. Sie kennen ihr Produkt aus dem Effeff. Ihr Steckenpferd ist häufig die Fertigung. Doch neuralgische Punkte sind ebenso die Fähigkeiten, Mehrwert zu verkaufen und gute Leute an mich zu binden. Das gilt es, in der DNA zu verankern.

Gilt diese Wertschätzung, die es braucht, auch für die Monteure auf der Baustelle?

Aber natürlich. Diese Leute wollen Respekt und den haben sie sich für das, was sie leisten, auch verdient. Leider gibt es noch immer keine verbindliche berufliche Qualifikation für die Fenstermontage, was gleich mehrere Probleme mit sich bringt, hinsichtlich des geringeren Ansehens und der Auswirkungen auf die unabdingbare Qualität. Wir haben wirklich ausgezeichnete Produkte. Aber falsch montiert, werden sie nicht performen. Auch hier, wie eigentlich immer, beginnt alles mit dem Vertrieb: Wenn es mir gelingt, diese anspruchs-volle Dienstleistung, die dahintersteht, angemessen zu verkaufen, dann kann ich meine Monteure vernünftig bezahlen und ausstatten. Denn eines sollten wir auch nicht vergessen: Nach dem Verkaufsgespräch sind es diese Mitarbeiter, mit denen der Kunde meines Unternehmens in Kontakt kommt. Sie sind also für die Außenwahrnehmung von großer Bedeutung. Und so sollte ich diese Leute auch behandeln.

Derzeit ist, auch in der Branche, viel von der Krise die Rede. Welche Entwicklungen im Markt erwarten Sie?

Wir haben nichts zu verschenken. Ein Teil der jüngsten Teuerungen haben die Hersteller tatsächlich an die Kunden weitergegeben. Das ist gut, aber noch keine Kunst, wenn die Nachfrage gleichzeitig weiter wächst. Ob das in den nächsten Jahren unverändert der Fall sein wird, muss sich zeigen. Aktuell sehe ich, dass wir in Teilen statt des bisherigen Verteilermarkts schon auch Verdrängung erleben werden. Aber für die Unternehmen im NETZWERK ist mir dennoch nicht bange. Viele sind sehr gut aufgestellt und haben wichtige Entwicklungen angestoßen und teilweise auch schon vollzogen. Wir gehen die Dinge immer posi-tiv an, und das sage ich auch meinen Kunden. Das nehmen sie bei uns mit, von den Veranstaltungen, aus den Coachings. Veränderungen im positiven Sinn kann ich nur bewältigen, wenn ich von einer Sache überzeugt bin. Und: Für Kundenbegeisterung brauche ich immer auch Mitarbeiterbegeisterung.

Ist der Verkauf auch eine Frage der Kommunikation?

Selbstverständlich. Wer Probleme hat, auch mal von sich etwas preiszugeben, der wird es schwerhaben, das Vertrauen seines Gegenübers zu gewinnen. Aber: Wie alles im Leben klappt Kommunikation dann gut, wenn beide Seiten etwas davon haben. Denn gute Kommunikation, das bedeutet für mich auch, zuzuhö-ren. Verstehe ich, welchen Menschen ich vor mir habe, was seine Bedürfnisse und Möglichkeiten, vielleicht auch Ängste sind? Wenn der Kunde oder die Kundin sich wohl, sich mitgenommen fühlt und nicht zu fürchten braucht, er bzw. sie werde jetzt wie bei der Kaffeefahrt überrumpelt, dann ist er/sie empfänglich für Begeisterung. Wie entsteht die? Zum Beispiel dann, wenn es mir gelingt, die Neugierde zu wecken. Aber dazu habe ich im vorherigen Verlauf des Gesprächs idealerweise schon etwas herausgefunden über Vorlieben, Interessen, Neigungen.

Ja, das klingt erstmal gut. Aber wie gehe ich vor, wenn der Fachhandel meine Produkte verkauft?

Dann muss ich genauso sicherstellen, dass in meinem Sinne stringent, aber kundenorientiert verkauft wird. Sicher eine große Herausforderung in unserer Branche. Der Schlüssel zum Erfolg heißt Qualifizierung auf B2B Ebene: Es geht um nachhaltige Schulungen der Fachhändler und ihrer Mitarbeiterinnen und Mitarbeiter. Aber eben nicht nur zum Produkt und zur Technik, sondern ganz speziell auch für den Verkauf. Am Ende haben wir ja alle das Ziel, möglichst hochwertig zu verkaufen, viele Weiterempfehlungen zu bekommen – sowohl für das Element des Herstellers als auch für den verkaufenden und einbauenden Betrieb – und als leistungsstarke, moderne Branche wahrgenommen zu werden.

Ist die Branche immer noch zu technisch unterwegs?

Ich denke schon, ja. Wir müssen bedenken: Die Fenster, die wir heute ausliefern und einbauen, die sind mindestens bis zum Jahr 2060 im Gebäude oder länger. Das kann nur bedeuten, wenn wir dem Kunden ein Produkt – das Bauteil Fenster – liefern wollen, an dem er die nächsten 40 Jahre Freude hat, dann liegt es in unserer Verantwortung, ihn auf alle möglichen Annehmlichkeiten hinzuweisen. Hier sehe ich das größte Potenzial. Und das bedeutet für mich, Zukunft zu verkaufen. Das geht nur mit Weiterqualifizierung und gutem Personal. Denn diese Art von Verkaufen braucht nicht in erster Linie Zahlen und Formeln, sondern Einfühlungsvermögen in die Wohnsituation des Kunden, um den Mehrwert der entsprechenden Features und Funktionen herausarbeiten zu können.

Wie stark ist in den Branchenunternehmen die Bereitschaft zur Veränderung ausgeprägt, die es braucht, um Impulse aus Ihren Coachings umzusetzen?

Das ist von Firma zu Firma unterschiedlich. Viele wissen, dass wir in den zurückliegenden Jahren einen Verteilermarkt hatten, in dem die Aufträge zu uns gekommen sind, ohne dass wir abgesehen von einer gewissen Etabliertheit der eigenen Marke so richtig viel hätten dafür tun müssen. Nun sind die Vorzeichen etwas andere. Damit bin ich aber von Panikmache weit entfernt. Am Ende wird es auch diesmal so sein, dass der, der seine Hausaufgaben gemacht hat bzw. sich jetzt den Themen stellt, profitiert. Schwierigkeiten könnte bekommen, wer notwendige Veränderungen zu lange aufschiebt. Ganz wichtig dabei ist die Manpower: Mit ausreichend gut geschulten Mitarbeitern, die Eigenmotivation mitbringen und für sich selbst Gründe haben, um anzuschieben, muss keinem Unternehmen vor der Zukunft bange sein. In unseren Coachings stehen wir unseren Partnerfirmen und ihren Mitarbeitern mit viel Freude zur Seite. Und diese positive Energie spürt man auch auf unseren Veranstaltungen.

Sie gelten als der Veranstaltungsspezialist der Fenster- und Türen- sowie Sonnenschutzbranche?

Das sagen Journalisten der Fachpresse sowie unsere Kunden zu uns und das ist ein Kompliment für mich. Wir wollen mit unseren Veranstaltungsformaten Zeichen setzen und Inspiration in unsere Partnerunternehmen implementieren. Das geht nur, wenn die eigenen Events immer wieder positiv überraschen.

Warum achten Sie so genau auf die Ausgewogenheit zwischen Fensterbaupartnern und Kooperationspartnern aus der Industrie?

Weil das unser Erfolgsrezept ist und es genau das bisher nicht gibt in unserer Branche. Das schafft ein Wohlfühlklima für alle Partner im NETZWERK.

In letzter Zeit haben Sie auch Start-up Unternehmen eine Chance im NETZWERK gegeben. Was sind hierfür die Beweggründe?

Ganz einfach, neue Impulse für die Digitalisierung in unserem gesamten Branchenumfeld zu schaffen und damit allen unseren Partnerunternehmen die Möglichkeit zu geben, eine moderne Unternehmensführung für die Zukunft aufzubauen mit ganz neuen Einblicken.

Das passt auch ganz gut zur Nachfolgegeneration mit Ihrem Sohn Niklas und Ihrem Neffen Jannik Frey sowie dem Ausbau Ihrer Social Media Aktivitäten?

Ganz klar bekommt unser Juniorteam auch die Chance, neue Ansatzpunkte und Potenziale im NETZWERK zu entwickeln.

Das heißt, Sie erwarten von der Nachfolgegeneration Ihrer NETZWERK Partner auch andere Anforderungen an Ihre Coachingaktivitäten?

Das sicher auch, weil wir uns alle immer weiterentwickeln sollten. Es ist wichtig, dass sich die Juniorengeneration auf einer Wellenlänge austauschen kann und wir werden die passenden Gelegenheiten dazu bieten. Niklas und Jannik werden von Grund auf unsere Branchenpartner kennenlernen und tief in die gesamte Materie eintauchen. Damit gewinnen beide weiter praktische Erfahrung zu ihrem bisherigen Studium als Wirtschaftsingenieur.

Sie wollen die Entwicklung von Ihrem Juniorenteam noch einige Zeit begleiten?

Auf jeden Fall möchte ich die nächsten Jahre als Ansprechpartner und Entwickler für beide zur Verfügung stehen. Ich bin davon überzeugt, dass sich beide schnell freischwimmen werden und ihre eigenen Ideen einbringen. Das ist jetzt schon spürbar und es wird dadurch noch einige neue Ansätze im NETZWERK geben.

Zuerst war auch noch Ihr ältester Sohn Marco mit an Bord. Warum ist er nicht mehr aktiv dabei?

Das stimmt. Alle drei waren für die stufenweise Nachfolge vorgesehen, aber Marco hat für sich innerhalb weniger Monate erkannt, dass er aus privaten Gründen die Verantwortung als Geschäftsführer nicht übernehmen möchte. Das haben wir als Familie akzeptiert und sind ihm sehr dankbar für die Offenheit in seiner Entscheidungsfindung sowie für die jahrelange Unterstützung bei unseren Events.

Nachfrage: Somit sind die Weichen für Ihre Nachfolge bereits gestellt?

Ja, absolut. Und ich bin davon überzeugt, dass es meine Nachfolgegeneration genauso gut wie ich machen wird. Ich freue mich auf die gemeinsame Zeit mit Niklas und Jannik, unserem Juniorenteam. Zusammen mit meiner Frau Tanja bilden wir ein innovatives Familienunternehmen.

V. Aufgeben ist nie eine Option

Es war sicher ein Risiko, Anfang 2013 ins Thema Selbstständigkeit mit einer völlig neuen Konzeption zu starten, die es bisher in unserer Branche so nicht gegeben hat. Ich hatte zwei unterhaltspflichtige Kinder: Franziska und Niklas. Marco verdiente als Wirtschaftsingenieur schon sein eigenes Geld. Aber ich hatte wirklich bei Gründung von meinem NETZWERK null Kunden, auch keine festen Zusagen.

Ich war schon immer Netzwerker.

Doch das Thema, die Idee, beschäftigte mich natürlich nicht erstmals 2013 – und auch nicht 2012. Ich war selbst immer Netzwerker. Ich lebe das wirklich. So hatte ich zum Beispiel in meiner Zeit als leitender Angestellter in der Profilindustrie selbst eine Arbeitsgemeinschaft mit anderen zusammen ins Leben gerufen und auch geleitet, in der neben meinen Kunden und meinem Arbeitgeber die Bau- und Wohnungswirtschaft organisiert war, zu der ich bis heute sehr gute Kontakte habe.

In gewisser Weise habe ich also bereits vor meiner Selbstständigkeit versucht, Unternehmer im Unternehmen zu sein. Das fängt natürlich mit Geld an, mit dem ich stets umgegangen bin, als wäre es mein eigenes. Etwa wenn wir eine Veranstaltung gemacht haben. Da habe ich jeden Euro bzw. damals jede Mark umgedreht.

Übrigens sage ich das heute den Leuten in meinen Coachings. Wenn Ihr wollt, dass Euch der Unternehmer auf Augenhöhe begegnet, müsst Ihr ihm zeigen, dass Ihr wie ein Unternehmer im Unternehmen agiert. So habe ich auch Akquise gemacht. Ich war und bin überzeugter Netzwerker. Und ich habe Neukunden anders als andere gewonnen.

Ich habe dem Unternehmer gesagt: Wenn Du mit unseren Profilen produzierst, dann wirst Du nicht nur Geld sparen und Erlös generieren. Darüber hinaus werde ich dafür sorgen, dass Du neue Kunden gewinnst. Dann musst Du natürlich auch liefern. Die Reputation hatte ich, dass mir das geglaubt wurde. Noch besser war nur, wenn ich zum Gespräch bereits Futter mitbringen konnte. Im Klartext: Der Kunde hat unterschrieben, und ich konnte ihn maßgeblich unterstützen, ein attraktives Geschäft anzubahnen, eben weil ich durch meine Branchenkontakte von dem Bedarf wusste.

Die Wahrheit steht immer unten rechts.

Das alles hat mir niemand vorgegeben. Ich wusste, was ich wollte: besser sein als die anderen. Und da geht's nicht ums Reden, sondern um Ergebnisse. Die Wahrheit steht immer unten rechts. Im Verkauf: Unterschrift oder nicht. In der Bilanz: Geld verdient oder nicht. Wer besser sein will als die anderen, der muss sich was einfallen lassen. Und lernen, Unternehmer im Unternehmen zu sein. Übrigens sagen mir das heute immer wieder die Unternehmer und Geschäftsleitungsmitglieder meiner NETZWERK Partner: Ich bin für sie Sparringspartner auf Augenhöhe.

„Mit seiner Erfahrung und seinem Weitblick unterstützt mich Herr Frey mit seinem NETZWERK als Sparringspartner auf Augenhöhe bei der Umsetzung der zukünftigen Unternehmensorganisation mit Gesprächen sowie wichtigen Tipps."
Stefan Herbes
Geschäftsführung Hera Fenster & Türen aus Holz GmbH

Natürlich ist der Bedarf, den beispielsweise ein Kooperationspartner aus der Industrie hat, vielleicht ein anderer als bei einem Fensterbaupartner. Wir haben im NETZWERK Unternehmen mit mehreren Tausend und Betriebe mit einigen Dutzend Mitarbeitern. Aber Vertrieb funktioniert immer gleich. Und er findet auch immer zwischen Menschen statt. Wenn ich das Ziel habe, von ganz unten nach ganz oben zu kommen, dann muss ich mehr bieten als Standard.

Das war mir klar und ich habe meinen Kunden, auch schon als Angestellter, mehr geboten. Übrigens, und das gilt bis heute, habe ich noch nie eine Provision für einen Auftrag genommen, der auf meine Vermittlung hin zustandekam. Aber ich habe den Fensterherstellern auch gesagt: Dafür erwarte ich, dass Ihr standhaft bleibt, und ich nicht jedesmal, wenn hier einer vom Wettbewerb seine Profile auspackt, mit Euch über einen Nachlass diskutieren muss.

> Mehrwert erzeugen
> und Menschen zueinander bringen.

Jedenfalls hat mich dieser Grundgedanke, Mehrwert zu erzeugen, indem man Menschen zueinanderbringt, schon als leitender

Angestellter viele Jahre umgetrieben. Weil ich gesehen habe, was daraus werden kann.

Und natürlich habe ich immer wieder über meine Kontakte in der Branche abgefragt, ob es Potenzial für eine solche Interessengemeinschaft gibt, wie sie mir vorschwebte und wie es das NETZWERK heute ist. 2013 oder besser 2012, als die endgültige Entscheidung fiel, kamen dann mehrere Faktoren zusammen. Einer davon war, dass es plötzlich vorstellbar schien, so etwas in der deutschsprachigen Türen- und Fensterbranche zu etablieren.

Wobei natürlich das Echo sehr gemischt war. Ganz oft habe ich, wenn ich erklärt habe, eine neutrale Plattform ins Leben rufen zu wollen, um die Menschen, Marktpartner, Marktbegleiter, Hersteller und Lieferanten zusammenzubringen, gehört: Aber wir kennen uns doch schon. Die entscheidende Idee freilich war ja, dass sich die Leute unter den richtigen Rahmenbedingungen ganz anders kennenlernen. Ich bekomme noch heute oft Anrufe von Leuten, die zum Beispiel bei bekannten Unternehmen in unserer Branche im Management tätig sind und mir sagen: „Also, ganz ehrlich, Herr Frey, ich kann mir da nicht viel darunter vorstellen. Ich war ja mit vielen Ihrer NETZWERK Partner schon auf allen möglichen Veranstaltungen. Aber ich habe jetzt so viele tolle Dinge über Ihre Plattform und die Events gehört, dass ich mir das doch mal ansehen will."

Andere, speziell am Anfang, waren weniger freundlich. Als ich 2013 im Januar auf der BAU in München war, fragte mich auch jemand, der bisher zu meinen Kunden gehört hatte, wie ich mir die Sache mit dem NETZWERK denn nun genau vorstellen würde. Ich sagte ihm, dass die NETZWERK Partner einen jährlichen

Beitrag zahlen würden und darüber hinaus Dienstleistungen bei mir anfragen könnten. Er war sehr überrascht, als ich ihm sagte, dass diese Dienstleistungen anders als zu meiner Zeit bei den Systemhäusern nun Geld kosten würden, da ich mein Know-how und meine gesammelte Erfahrung zur Verfügung stellen würde. Er machte kein Hehl daraus, dass er die Erfolgsaussichten, dass die NETZWERK Partner neben ihrem Jahresbeitrag für ein exklusives Coaching gesondert bezahlen würden, gering einschätzte. Er sagte sogar ungeschminkt: „Wovon willst Du denn leben?"

Eine besondere Note bekommt die Geschichte dadurch, dass jetzt – nach zehn Jahren NETZWERK, in denen wir jedes Jahr gewachsen sind – genau jene Person auf allen möglichen Plattformen versucht, sich mit mir zu vernetzen. Daran habe ich kein Interesse, weil ich das damals als anmaßend empfand. An seiner Stelle hätte ich immer gesagt: „Wow, da ziehe ich den Hut vor. Ich wünsche Dir, dass Dein Plan aufgeht als Unternehmer, auch wenn es schwer werden könnte."

Übrigens war die Messe abgesehen davon bereits erfolgreich. Ich hatte unmittelbar vorher mein Geschäftsauto zurückgegeben, hatte mir ein Fahrzeug geleast – und dann ging's los. Meine ersten Kunden waren gleichzeitig Hilzinger Fenster und Türen, Innoperform, Walter Fensterbau aus Augsburg und Gebhardt-Stahl. Aber alle, die sich für uns entschieden haben, gewährten uns einen Vertrauensvorschuss – und diese langjährigen Partner, die während der zehn Jahre den Weg seit 2013 mit uns gegangen sind, erhalten persönlich einen ganz besonderen Award von mir. Diesen werden wir dann in der Zukunft grundsätzlich immer vergeben für zehn Jahre Partnerschaft.

„Respekt, mit welchem Elan und Enthusiasmus Oliver Frey sein NETZWERK innerhalb weniger Jahre entwickelt hat. Den NETZWERK PARTNERTAG hat er zusammen mit seiner Familie als mitführende Branchenveranstaltung fest etabliert."

Helmut Hilzinger
Geschäftsführer hilzinger GmbH

Also damals, im Januar 2013, habe ich nach den ersten Gesprächen in München meine Frau Tanja vom Hotelzimmer aus angerufen und ihr gesagt: „Ich habe die ersten Zusagen!" Ich war sehr emotional und bei uns beiden kullerten ein paar Freudentränen. Damals entstand auch meine Gesangseinlage mit einem bekannten Scooter Song am Telefon, den ich bis heute Tanja vorsinge, wenn wir einen neuen Partner gewonnen haben. Ein lieb gewonnenes Ritual. Von da an ging es dann Schlag auf Schlag. Tatsächlich hatten wir im ersten Jahr am Ende ein positives Betriebsergebnis. Ich habe mich ins Auto gesetzt und bin von Firma zu Firma gefahren. Dabei lautete der Grundsatz ab dem ersten Tag: Alle Kooperationspartner haben die identischen Konditionen und alle Fensterbaupartner haben die identischen Konditionen. Keine Ausnahmen. Auch daran halten wir bis heute fest, und das führt immer mal wieder dazu, dass es beim einen oder anderen einfach nicht klappt, der meint, er würde sich uns nur anschließen, wenn er Sonderkonditionen eingeräumt bekäme. Alle Partner in unserem NETZWERK sind gleich und werden auch gleich behandelt.

Wie gesagt, da muss man standhaft bleiben. Ich habe 2013 die ersten Vereinbarungen nach der Messe, im Februar, rausgeschickt. Und die Zusagen galten. Bei denen, die ich erwähnt habe.

Da gilt bei mir bis heute der Grundsatz: Ein Mann, ein Wort. Unsere Vereinbarungen sind schriftlich abgefasst, ja, aber sie sind alle genau eine DIN A4 Seite lang. Wir brauchen da keine juristischen Feinheiten.

So ging das damals los. Wir hatten tatsächlich noch 2013 über 20 Kunden für uns gewonnen und konnten somit bereits 2014 den ersten Partnertag durchführen. Das war zu Beginn ja tatsächlich eine heikle Sache. Schließlich lief ich herum und warb für ein NETZWERK, das aber ja erstmal entstehen musste. Deshalb waren wir da wirklich auf das Vertrauen der Fenster- und Türenbranche angewiesen. Aber der Partnertag hat stattgefunden. Noch nicht so, wie es heute der Fall ist, aber unsere Plattform existierte! Und das Grundkonzept mit allen Details funktioniert bis heute gleich.

Das war ein zentraler Bestandteil unserer Mehrwert-Argumentation. Fensterbaupartner sollten die Möglichkeit haben, kostenfrei teilzunehmen. Ich muss dazu sagen, dass seither die Events natürlich immer größer und, auch aufgrund des hohen Niveaus beim Catering, aber besonders bei unseren Speakern, immer kostenintensiver geworden sind, so dass ich für die Zukunft hier eine Anpassung nicht ausschließen möchte. Kooperationspartner aus der Industrie bezahlen einen Obolus, entweder als Ausstellerpaket oder nur als Teilnehmer, der im Preis-Leistungs-Verhältnis und im Vergleich zu anderen Branchenveranstaltungen sehr fair ist. Denn unser Konzept ist etwas, das es so in der Fenster- und Türenbranche bisher nicht gibt: Wir machen keine technischen Vorträge, sondern holen die Verantwortlichen wirklich ab, mit teilweise neuartigen Gastrokonzepten, mit Speakern, die noch auf keinem Branchenevent zu erleben waren, und eben mit einer Atmosphäre, die wirklich gute Gespräche auf höchstem Niveau ermöglicht.

Und ja, hier werden Geschäfte gemacht oder eben Verhandlungen zu möglichen Übereinkünften verabredet. Der zweite Punkt, den alle unsere NETZWERK Partner in Anspruch nehmen können, betrifft unsere Website, auf der sämtliche Firmen gelistet sind und, gegen eine entsprechende Honorierung, zum Beispiel nach neuen Mitarbeiterinnen und Mitarbeitern gesucht wird. Die Seite hat von Beginn an sehr gute Klickzahlen verzeichnet und liegt heute bei mehreren Hundert Aufrufen am Tag. Wie gesagt, ich bespreche das mit jedem neuen Partner ganz offen: Mein Wissen und meine Erfahrung haben einen angemessenen Preis, deshalb stelle ich zum Beispiel unsere Ressourcen für die Suche nach neuen Mitarbeitern auch nicht kostenlos zur Verfügung. Aber: Wer Mitglied im NETZWERK ist, der profitiert durchaus von ganz anderen Konditionen, als sie heute am freien Markt üblich sind.

Und das dritte Thema sind unsere Coachings. Wir dürfen ja nicht vergessen, dass für einen Unternehmer die Möglichkeiten, sich auf Augenhöhe auszutauschen, endlich sind. Da bin ich wieder bei der Aussage vom Sparringspartner auf Augenhöhe: Das kommt wirklich oft vor, dass ich nach meiner Einschätzung für die nächsten fünf Jahre gefragt werde und wir gezielt zwei Tage ein Unternehmercoaching machen.

Auch der Materialmix ist in der Fenster- und Türenbranche nach wie vor ein Riesenthema. Es gibt viele Betriebe, die damit geliebäugelt haben, aus dem Holzsegment auszusteigen. Ganz ehrlich: Ich habe jedem Unternehmer davon abgeraten. Und siehe da, gerade Holz-Aluminium-Fenster verzeichnen inzwischen stabile Zuwachsraten. Oder, um ein Beispiel aus dem Bereich Haustüren zu nennen: Aluminium-Haustüren, inwiefern ist das für mein Sortiment ein wichtiger Baustein?

Ich würde immer sagen: Du brauchst eine hochwertige Aluminium-Haustüre, musst sie aber nicht unbedingt selbst herstellen. Natürlich können wir dann auch als Erstes innerhalb vom NETZWERK schauen, welche Partner zueinander passen könnten. So habe ich schon im dritten Quartal 2013 mit den ersten Unternehmercoachings begonnen. Dagegen war damals noch in keiner Weise absehbar, welche Bedeutung die Personalsuche bekommen würde. Natürlich gehen wir da auch neue Wege, nutzen die Möglichkeiten über Social Media wie unsere NETZWERK Seite und binden auch die junge Generation mit meinem Sohn Niklas und meinem Neffen Jannik ein. Aber das kann durchaus einige Zeit in Anspruch nehmen.

Dafür hat der NETZWERK Partner die Gewähr, dass wir ganz genau verstehen, welche Anforderungen er an das Bewerberprofil stellt. Das unterscheidet sich in meinen Augen erheblich von den üblichen Headhuntern, die quer über alle Branchen suchen. Was jetzt nicht heißt, dass wir nicht auch mal jemand von außerhalb der Türen- und Fensterbranche empfehlen würden, wenn wir von seinen Qualitäten überzeugt sind. Aber, wie gesagt, das Preis-Leistungs-Verhältnis und unsere Nähe zur Branche und den Themen der Unternehmen sind wesentliche Mehrwerte innerhalb von unserem NETZWERK.

Eine Sache gibt es übrigens nicht und ist in unseren Reihen absolut tabu: Dass Mitarbeiter von einem NETZWERK Partner dem anderen abgeworben werden. Da gibt es auch keine Grauzone. Es sei denn, die beiden Unternehmen, die involviert sind, kommen überein, dass der Wechsel für alle Beteiligten die richtige Lösung ist. Oder aber spielen keine aktive Rolle, etwa weil die Mitarbeiterin oder der Mitarbeiter von sich aus zum anderen NETZWERK Partner wechseln will, weil sie/er sich regional verändern möchte.

Das NETZWERK
ist ein geschützter Raum
mit Gentlemen's Agreement.

Da mussten wir uns in einem Fall auch schon mal von einem Partner trennen, der das nicht respektiert hat. Mir ist das ganz wichtig, zu betonen: Es ist nicht so, dass ich einem Betrieb, der neu dazukommt, nun eine Art Regelkanon zuschicken würde, in dem drinstehen würde, was erlaubt ist und was nicht. Das ist einfach ein Gentlemen's Agreement, bei dem es darum geht, dass mein NETZWERK für die Kooperations- und Fensterbaupartner in bestimmter Hinsicht ein geschützter Raum ist, in dem wir solche Praktiken nicht haben wollen.

Ich sage ganz offen, dass das auch gilt, wenn wir einen Mitarbeiter für ein Partnerunternehmen suchen. Dann jagen wir in der Branche, aber eben außerhalb der NETZWERK Partnerunternehmen, nach den besten Fachleuten. Und natürlich unterstützen wir die Arbeitgeber in unseren Coachings dabei, sexy zu sein für junge Leute. Denn dass unsere Branche dazu in der Lage ist, davon bin ich felsenfest überzeugt.

Ich kann nur jedem raten, sich mit neuen Konzepten in der Personal- und Lehrlingswerbung auseinanderzusetzen. Denn das

Problem wird in den nächsten Jahren eher noch größer. Wen wir heute nicht ausbilden, der fehlt uns morgen als Facharbeiter. Da muss man kein Prophet sein. Auch hier brauchen wir Mut und Entschlossenheit. Und die Bereitschaft, Dinge zu verändern.

„Mit gezielten Coaching-Aktivitäten von Oliver Frey konnten wir unsere Ziele verwirklichen und neue Maßstäbe setzen. Eine deutliche Verbesserung in den wirtschaftlichen Voraussetzungen haben wir dadurch realisiert und es zeigt uns, dass wir vom NETZWERK weiter nachhaltig profitieren werden."

Günter Schmaus

Geschäftsführer Schmaus Rollladen- und Fensterbau GmbH

Wie gesagt, wir haben tolle Unternehmen im NETZWERK. Bei einem Partner hatte der Chef bereits in eine modernere, attraktivere Gestaltung des Pausenraums für die Mitarbeiterinnen und Mitarbeiter investiert. Wir haben dann gemeinsam überlegt, wie wir es schaffen, bei jungen Leuten Interesse zu wecken, damit sie sich selbst mal ein Bild vom gesamten Unternehmen machen. Die Antwort war, in die Berufsschule zu gehen. Aber mit einem Konzept.

Und das lautete quasi: Bei uns ist Tag der offenen Tür das ganze Jahr über. Jeden Tag. Das haben wir an der Schule vorgestellt. Tenor: Ihr könnt immer vorbeikommen, wir haben auch für die Mittagspause etwas zum Essen und Trinken. Dann arbeitet Ihr einfach mal probeweise mit, so lange Ihr wollt, um herauszufinden, ob Euch das Spaß macht. Das hat wirklich gut funktioniert, denn wir haben für den Partner auf dem Weg mehrere Lehrstellen mit diesen Kandidaten besetzen können.

Wir haben heute Produkte, die der Mitarbeiter oder die Mitarbeiterin mit dem Smartphone in Betrieb nimmt. Das hat mit dem althergebrachten Bild von unserer Branche wirklich nichts zu tun. Oder nehmen wir die ganze Software, modern und mit großen Bildschirmen eingerichtete Büroarbeitsplätze, die robotergesteuerten Prozesse in der Produktion, die intelligente Bestelllogistik mit den entsprechenden Händlerprogrammen. Teilweise sprachgesteuerte Bedienung. Also, ganz ehrlich: Gerade für offene, junge Menschen mit Affinität zu Technik auf der einen und hochwertiger Innenausstattung bzw. anspruchsvollen Wohnideen auf der anderen Seite bietet die Fenster- und Türenbranche fantastische Entwicklungsmöglichkeiten.

Natürlich müssen wir ihnen dann auch Raum zur Entfaltung geben. Was mich und mein NETZWERK angeht, so bin ich glücklich, dass mit meinem Jüngsten Niklas und meinem Neffen Jannik Frey die nächste Generation bereits an Bord ist. Und selbstverständlich lerne ich von den beiden, genauso wie das umgekehrt der Fall ist. Wenn es um Themen wie Social Media oder ganz grundsätzlich die Ansprache jüngerer Mitarbeiter bei unseren NETZWERK Partnern geht, profitiere ich davon ganz bestimmt.

Grundsätzlich kann ich mir auch jetzt schon gut vorstellen, dass die beiden in der Zukunft ins Coaching zum Beispiel von Nachwuchsführungskräften einsteigen, denen sie hervorragend auf Augenhöhe begegnen würden. Und wer weiß, vielleicht ist es ja für unser NETZWERK eine Option, eine eigene Veranstaltung für die Next Generation stattfinden zu lassen, damit die jungen Leute in der Fenster- und Türenbranche ein eigenes Forum zum intensiven Austausch bekommen. Wir haben noch viele Ideen, die wir umsetzen werden.

Die beiden, Niklas und Jannik, bringen frische Impulse bei uns ein und wollen richtig Gas geben. Deshalb werde ich sie bestmöglich unterstützen und bin überzeugt, dass wir in den nächsten Jahren noch vieles gemeinsam umsetzen werden. Wobei ich heute schon manchmal gefragt werde, ob ich mich bereits aktiv mit meinem Ruhestand beschäftige.

Next Generation
auf Augenhöhe.

Die Antwort, das kann ich ruhigen Gewissens sagen, lautet: Nein. Ich habe dafür auch keine Zeit, ich bin im Jahr alleine schon 100 Tage auf Coachings bei unseren sämtlichen Kooperations- und Fensterbaupartnern unterwegs. Und ich spule da ja nie ein Schema F ab, sondern beschäftige mich wirklich intensiv mit der Situation, den Herausforderungen und den Fragestellungen im jeweiligen Unternehmen. Übrigens gibt es auch hier, wie auch in Hinblick auf die Mitgliedschaft im NETZWERK, Anfragen, die ich ablehne. Wenn jemand zu mir kommt und sagt: Ich möchte gerne einmalig ein Coaching beauftragen, dann nehme ich das nicht an. Dieses einmalige, ich nenne es immer „Waschen, Schneiden, Föhnen", hat keinen Sinn und lässt sich nicht mit meinen eigenen Erwartungen vereinbaren, die ich selbst an die positiven Effekte habe, die der NETZWERK Partner aus der Zusammenarbeit ziehen soll.

Denn der Mensch ist ein Gewohnheitstier. Das habe ich an anderer Stelle bereits gesagt – und damit trete ich auch niemandem zu nahe. Will heißen: Ich kann im Coaching mit den bis zu maximal zehn Teilnehmer zählenden Gruppen und dann an Tag zwei im

Einzelcoaching, wo ich auf jeden Mitarbeiter/jede Mitarbeiterin exklusiv im 30 Minuten Einzelgespräch eingehe, meine Rezepte zu implementieren versuchen. Das wird auch einige Wochen wirken. Aber nicht dauerhaft.

Dauerhafter Erfolg muss trainiert werden.

Für mich ist es unverzichtbar, auch um das Feedback der Teilnehmerinnen und Teilnehmer dazu einzuholen, wie sie die gemeinsam erarbeiteten Tools einsetzen konnten, nach zum Beispiel fünf Monaten nochmal ein Coaching anzuschließen. Davon auszugehen, dass jeder das Gehörte ad hoc dauerhaft nutzen kann, ist unrealistisch. Insofern ist es aus meiner Sicht auch unseriös, da einmalig eine Rakete zu zünden, deren Wirkung dann verpufft – dafür stehe ich nicht zur Verfügung.

Ganz wichtig ist mir, auch nochmal darauf hinzuweisen, dass meine Coachings ausschließlich von den Unternehmen in meinem NETZWERK abgerufen werden können. Und wer einen Blick auf die Empfehlungszitate auf unserer Homepage und auch hier im Buch wirft, der wird die mitunter bekanntesten Namen der Fenster- und Türenbranche finden und einen Eindruck davon erhalten, inwiefern die Zitatgeber der Testimonials in der Teilnahme an meinen Coachings einen Mehrwert sehen. Tatsächlich ist es unverzichtbar, Führungskräften immer wieder Impulse zu geben, damit sie ihr eigenes Tun hinterfragen, Anregungen für persönliche und berufliche Weiterentwicklung erhalten und, durch die sichtbaren Erfolge, natürlich auch wieder mit ganz anderer Motivation bei der Sache sind. Diese Impulse sind, in regelmäßigen Abständen gesendet und eingebracht, eine Grundvoraussetzung dafür, um die Dynamik in einem Unternehmen immer wieder neu zu entfachen. So, nun, wer gehört zu den Führungskräften?

Na, auf alle Fälle mal alles, was Vertrieb heißt. Hier findet der Kundenkontakt statt, hier werden die Aufträge generiert und, ja, hier wird am Ende das Geld verdient. Deshalb ist für mich in jedem Unternehmen, ob es nun seine Bauelemente im Objekt platziert oder beim Fachhandel, ob es im Direktvertrieb mit eigenen Räumlichkeiten für den Verkauf oder über den Internethandel agiert, der Vertrieb immer zentral für den Erfolg. Damit ist auch gesagt, was es für einen Betrieb bedeutet, wenn er statt einer agilen Vertriebsmannschaft nur einen oder mehrere technische(n) Berater hat. Da ist für mich die Geschichte schon fast erzählt, sorry. Ein Gebietsverkaufsleiter ist für mich für alles in seiner Region zuständig, was als Anknüpfungspunkt für mein Unternehmen dient. Und ich meine wirklich alles, egal ob die Kundenbetriebe nun unterschiedliche Rahmenmaterialien produzieren bzw. verkaufen oder ob sie sich mit Home Living-Anwendungen beschäftigen. Da muss ich als Außendienstler

- im Bilde sein
- idealerweise etwas in petto haben, um Lösungen und Mehrwerte zu schaffen
- jederzeit bereit sein, mich mit dem Thema – bis ich eine Antwort habe – auseinanderzusetzen und
- diese Antwort idealerweise mit Umsatz und Ertrag auf meiner Seite verknüpfen können.

Das ist das, was ich erwarte. Und da gibt es aus meiner Sicht keine Ausreden.

Das ist schon eine wichtige Geschichte, denn es gibt in manchen Unternehmen Vertriebsmitarbeiter, die von sich sagen, sie könnten weder Neukunden gewinnen noch Potenzialkunden entwickeln. Das sind im Übrigen genau die beiden Optionen, die ich im Regelfall habe, um im Unternehmen zu wachsen. Stattdessen sei ihr Steckenpferd die Pflege von Bestandskunden.

In Vertrieb steckt das Wort „treiben".

Da muss ich denjenigen dann durchaus fragen, ob er sich im Vertrieb am richtigen Platz sieht. Im Wort „Vertrieb" steckt das Wort „treiben" drin – und das bedeutet nichts anderes, als selbst aktiv zu sein und Wege für den Erfolg zu finden. Das Wort „Betreuung" dagegen hat etwas Statisches, was für mich nach Verwalten des Status quo klingt.

Und leider ist es genau das, was dann in solchen Fällen auch passiert. Natürlich lautet die Gretchenfrage: Wie lösen wir das jetzt? Und die Antwort sind Zielvereinbarungen, wie sie in der Industrie längst gang und gäbe sind, aber eben noch nicht in allen unserer Herstellerunternehmen. Was für Ziele vereinbare ich? Am besten ist es, sich nicht in unendlichen Agenden zu verlieren. Das führt nämlich anderenfalls am Ende schnell dazu, dass Sie kein Ziel so richtig im Auge behalten. Deshalb rate ich meinen Kunden dazu, ein Gemeinschaftsziel und beispielsweise drei individuelle Ziele festzuschreiben.

So, nun ist der vereinbarte Zeitrahmen vorbei. Das Gemeinschaftsziel wurde ebenso erreicht wie zwei der individuellen Ziele. Ein weiteres Individualziel indes wurde nicht realisiert. Was nun: Rüge oder Belobigung? Kurze Antwort: keines von beiden.

Grundsätzlich, ich beantworte die Frage gleich, plädiere ich in meiner Arbeit mit den Unternehmern, den Geschäftsführern immer dafür, die Mitarbeitenden am Betriebserfolg zu beteiligen. Ich bin da ein klarer Verfechter des Leistungsprinzips. Lieber das allgemeine Gehaltsniveau um ein paar Prozent absenken. Und dann, wenn es dem Betrieb wirklich etwas gebracht hat, etwa bei der Steigerung der Erlöse, auch mal etwas verteilen. Wirklich, das Unternehmen ist immer nur so gut wie seine Mitarbeiter. Wenn es also gut ist, und etwa im zurückliegenden Jahr gut performt hat, dann sollten die Leute auch etwas davon haben.

Ich vergleiche das gerne mit der Formel 1. Ich kann der schnellste Rennfahrer sein und das beste Auto haben. Wenn am Ende nur drei Reifen montiert sind, werde ich den Grand Prix nicht gewinnen. Deshalb brauchen wir Teamwork. Und das schaffen wir nicht, wenn immer nur einige, wenige am Ende die Erfolge feiern.

Also, zurück zum Beispiel: Nach meiner Philosophie wäre es bei Erreichung des Gemeinschaftsziels sowie von zwei der drei vereinbarten Individualziele so, dass der betreffende Mitarbeiter auf jeden Fall auch etwas aus dem dafür vorgesehenen Topf ausgeschüttet bekommt. Aber nochmal: Was wir schaffen müssen, ist, die Zahl derer, die letztlich nur mitschwimmen, auf ein Minimum zu begrenzen. Es ist wichtig, gute Leute zu fördern. Deshalb stehe ich zu dem Begriff Verkäufer und nicht Berater. Das gehört nicht nur auf die Visitenkarte, sondern das gehört in die Köpfe der Vertriebsmitarbeiter.

Am Ende müssen wir in unseren Unternehmen erfolgreich verkaufen, wenn wir erfolgreich sein wollen, nicht nur erfolgreich beraten. Das galt auch für mich nach der Gründung von meinem NETZWERK. Allerdings habe ich ohnehin noch nie etwas anderes gemacht und möchte das auch nicht. Für mich ist Vertrieb der schönste Beruf der Welt. Deswegen finde ich es schade, wenn jemand etwas, von dem so viel Begeisterung und Power ausgehen kann, nur als Job ansieht. Eines sage ich meinen Kunden immer: Liebe das, was Du tust.

Liebe das,
was Du tust.

Denn nur dann wirst Du am Ende auch richtig gut darin sein. Für mich im NETZWERK ging es zu Beginn darum, mich zu verkaufen, ganz klar. Ich bin also, wie geschildert, die erste Zeit praktisch nur unterwegs gewesen und habe es geschafft, Partner zu finden, die ich für eine Branchenplattform ganz neuer Prägung begeistern konnte. Viele von ihnen kannten mich als Vertriebsmann der Profilindustrie. Sie wussten, ich liefere keinen Standard.

Gleichzeitig bestand die Herausforderung darin, den neuen NETZWERK Partnern klarzumachen, dass ich als selbstständiger Unternehmer nicht mehr wie vorher als leitender Angestellter eine Vielzahl von Serviceleistungen preisinkludiert erbringen kann.

Dass ich es mir honorieren lasse, wenn ich mein Branchen- und Vertriebs-Know-how sowie die Summe meiner Erfahrungen einbringe, um ihre Mitarbeiter im Vertrieb und die Unternehmer selbst zu coachen. Dafür sprechen wir über Unterstützung in Prozessen, die für die weitere Entwicklung des Unternehmens entscheidend sind. Über die Frage nach der richtigen Betriebsgröße, natürlich über die Entwicklung des Marktes, über eine starke Arbeitgebermarke, über Digitalisierung, Gehalts- und Arbeitszeitmodelle.

Viele meiner Partnerunternehmen beauftragen uns seit Anfang an über viele Jahre hinweg mit unseren angebotenen Coachingaktivitäten. Und in der überwiegenden Zahl der Fälle lassen sich die Ergebnisse der Zusammenarbeit an der Stelle ablesen, auf die es nunmal wirklich ankommt: im Vertrieb und bei der Entwicklung bzw. Weiterentwicklung des eigenen Unternehmens. Ich spreche von der positiven und nachweislichen Entwicklung der wirtschaftlichen Betriebsergebnisse.

Dabei geht es beileibe nicht und in allen Fällen um das Umsatzwachstum, das benötigt würde. Ich kenne viele Unternehmer, denen habe ich sogar abgeraten, um jeden Preis mehr Umsatz erzielen zu wollen. Es gab nicht selten Fälle, da haben wir es sogar geschafft, mit gleichem Umsatz die Erlöse zu verbessern. Und das ist das, wofür ich – zusammen mit unseren NETZWERK Partnern – brenne. Das ist meine Leidenschaft. Deshalb habe ich auch ein untrügliches Gespür für Menschen, gerade im Vertrieb, die vor allem darin gut sind, angebliche Gründe dafür aufzuzählen, warum es unten rechts nicht wie gewünscht klappt. Und da muss man aufpassen. Denn in der Tat gibt es Angestellte, in ganz vielen Betrieben, denen es über viele Jahre gelungen ist, eine Art Kokon um sich zu errichten. Die haben dann plötzlich so eine Unantastbarkeit, dass sich da am Ende keiner mehr rantraut. Und das geht selten gut.

Erfolg ist messbar.

Erfolg ist planbar, dazu komme ich gleich noch. Und Erfolg ist eben auch messbar. Und wenn rechts unten nicht das steht, was da stehen sollte – wenigstens in der überwiegenden Zahl der Fälle: ein Gewinn, ein Plus, ein Auftrag. Dann sind da bei diesen Mitarbeitern alle möglichen Faktoren schuld. Da passt mal das Produkt nicht. Beim nächsten Gespräch hatte der Kunde utopische Vorstellungen. Und irgendwann liegt es mit Sicherheit an Ihrem Unternehmen, dass er nicht die richtigen Voraussetzungen hatte, um im Verkauf zu performen. Es gibt Leute, bei denen sind immer die anderen schuld. Das sind dann nach meiner Erfahrung häufig auch die Mitarbeiter, die Sie mit Argumenten gar nicht mehr erreichen.

Brunnenvergifter schaden jedem Unternehmen.

Damit ist die Basis für Weiterentwicklung, individuell oder, wenn sich das ausbreitet, im Team, erheblich beeinträchtigt, irgendwann nicht mehr gegeben. Und da muss man unter Umständen auch die Reißleine ziehen und sich von dem Kollegen oder der Kollegin trennen. Genauso möchte ich aber grundsätzlich festhalten, dass ich in meinen Mitarbeitercoachings immer jedem mit auf den Weg gebe, dass meine Kritik niemals ihm als Mensch gilt. Das ist einfach immer wieder ganz wichtig herauszuarbeiten. In vielen, ja sehr vielen Fällen gelingt es gut, beispielsweise den Vertriebsmitarbeitern ganz konkrete Hilfestellungen zu vermitteln, um ihre Ergebnisse zu verbessern. Das ist der Mehrwert, den ich als Verkaufstrainer generiere. Weil davon am Ende alle etwas haben: der zufriedene Kunde; das Unternehmen, das sich über dessen Weiterempfehlungen freut; und natürlich der Vertriebsmitarbeiter, der am Erfolg beteiligt werden sollte.

Wenn es dann über Gemeinschaftsziele gelungen ist, in einem bestimmten Bereich das Ergebnis nachhaltig zu steigern – hochwertiger Verkauf, Erträge, Umwandlungsquote bei Angeboten – dann sollten wir das gemeinsam Erreichte mit dem Team feiern. Neben der Motivation und der Stärkung des Spirits in der Truppe hat das noch eine ganz andere Auswirkung. Man nennt das Selbstvergewisserung. Das bedeutet: Wir sind in der Lage, zu performen, besser zu sein als die anderen – und das rufen wir uns gemeinsam ganz dezidiert ins Bewusstsein. Das ist wie bei einer Fußballmannschaft, die zehnmal hintereinander gewonnen hat. Die hat den Gedanken an eine mögliche Niederlage im nächsten Spiel aus ihrem Vorstellungsvermögen verbannt.

Kein Platz für Zweifel.

Das hat nichts mit Überheblichkeit zu tun, die ist grundsätzlich fehl am Platz. Im nächsten Verkaufsgespräch ist wieder der Tag X, an dem es um alles geht: Daumen hoch, Daumen runter, ja oder nein, Sieg oder Niederlage. Das ist schwarz-weiß. Bitte nicht in den Selbstbetrugsmodus verfallen, nach dem Motto: Ich hatte ein super Gespräch mit dem Kunden und habe nur aus einem bestimmten

Grund den Auftrag nicht bekommen, beim nächsten Mal wird er mich berücksichtigen. Das ist alles nur heiße Luft, wenn es rechts unten nicht stimmt. Da wird unterschrieben. Dran ist nicht drin.

Voller Einsatz!

Deshalb sage ich den Leuten in meinen Coachings auch: Wenn Ihr nicht 100-prozentig topfit seid, bleibt zu Hause. Macht Euren Bürokram im Homeoffice. Aber wenn Ihr antretet, muss es um den Sieg gehen. Dann müsst Ihr alles raushauen.

Denn Erfolg ist, wie bereits kurz erwähnt, planbar. Wir haben bereits über mehrere Komponenten gesprochen: Die richtige Umgebung, die richtige Atmosphäre, die Verbindung, die im Verkaufsgespräch entsteht und die den Sinn hat, den Kaufinteressenten zu öffnen, die richtigen Fragen, natürlich auch Kompetenz, ein gutes Produkt. Das alles muss passen, da muss ich präpariert sein – und dann geht es nur noch um hier und jetzt! Denn wenn Erfolg planbar ist, dann darf eines nie passieren: Dass ich mir hinterher sagen muss, ich habe nicht alles versucht, nicht jedes Register gezogen, ich war nicht voll da.

Wer nicht um
den Erfolg kämpft,
hat schon verloren.

Ich muss mit meinen Gedanken und mit meinem Handeln zu 100 Prozent im Termin sein.

Das erwarte ich. Deswegen sage ich auch, jede Stelle im Vertrieb ist für mich eine Führungsposition. Nach der Gründung von meinem NETZWERK war Scheitern oder Aufgeben nie eine Option. Es gab zu keinem Zeitpunkt einen Plan B. Und das sage ich auch meinen NETZWERK Partnern. Ihr braucht keinen Plan B. Wenn ich, bevor ich losgehe, mir schon Gedanken über einen Plan B mache, dann verrät das vor allem eines: Nämlich dass ich schon von Beginn an Zweifel an Plan A habe. Das war bei mir definitiv nicht der Fall. Nie.

Wer an sich selbst zweifelt, der wird zwei Dinge nie uneingeschränkt hinbekommen:

1. Erfolg im Verkauf zu haben. Ihr Gegenüber, der Kunde oder Interessent, wird die Zweifel immer spüren. Er wird selbst anfangen zu zweifeln. Und am Ende nicht kaufen! „Das überlege ich mir nochmal" ist der meistgehörte Satz und bedeutet immer – NEIN.
2. Die Mannschaft mitzunehmen. Auch ganz logisch. Wenn ich selbst schon nicht an den Erfolg glaube, wie soll es mir dann gelingen, bei denen, die ich hinter dem gemeinsamen Ziel versammeln will, Zuversicht zu verbreiten.

Deshalb hätte ich mit dem NETZWERK auch immer durchgezogen. Selbst wenn wir mehrere Jahre gebraucht hätten, um in die Gewinnzone zu kommen. Ich habe keinen Gedanken daran verschwendet, mich wieder als Angestellter zu bewerben, wenn es nicht optimal laufen würde.

Auch übrigens, weil ich Selbstständiger, Unternehmer aus Überzeugung bin. Deshalb verstehe ich auch nicht, warum viele in ihren

Firmen nicht mehr positive Energie, mehr Freude zeigen. Freude an dem, was sie tun. Und, ganz ehrlich: Die Energie in Deutschland war jahrzehntelang billig, wir hatten über viele Jahre wenig Probleme, Mitarbeiter zu finden, und haben langanhaltende Boomphasen mit einer sehr stabilen Nachfrage nach unseren Fenstern und Haustüren erlebt. Dann bin ich als Inhaber oder Geschäftsführer nun doch auch gefordert, mich zu adaptieren, wenn der Markt in den nächsten Jahren vielleicht mal kein Selbstläufer ist, wenn ich um meine Aufträge und Mitarbeiter kämpfen muss.

Lassen Sie uns im NETZWERK das Beste daraus machen, unsere Mitarbeiterinnen und Mitarbeiter mitnehmen und gemeinsam darüber sprechen, wie wir uns mit neuen Ideen und Erfahrungen bereichern können. Denn das ist es, was unsere Plattform ausmacht. Wir bieten unseren Partnern einen geschützten Raum, zu dem andere Teile des Marktes keinen Zugang haben und in dem sie keine Abwerbeversuche für ihre Beschäftigten fürchten müssen, sondern eine gute Zeit in der Gemeinschaft haben sollen, um dann mit neuer Energie und den richtigen Impulsen gewappnet zu sein für kommende Herausforderungen.

> **Wer nicht geht mit der Zeit,**
> **der geht mit der Zeit.**

Das ist etwas, einschließlich unserer wirklich innovativen Veranstaltungskonzepte, das es so in der Türen- und Fensterbranche kein zweites Mal gibt. Und das auch mich immer wieder neu abtreibt – Stichwort Vertrieb – mir etwas Neues einfallen zu lassen, um unser Gesamtpaket noch attraktiver zu machen.

VI. Ohne Kritik
keine Weiterentwicklung

Was bekommen meine Kunden im Coaching, wie läuft das ab: Zunächst einmal ist es immer der Unternehmer, ein angestellter Geschäftsführer, die Geschäftsleitung oder vielleicht auch der Verkaufsleiter, der mich engagiert.

Wie ich schon zu Beginn klargemacht habe, haben meine Vertriebserfahrung mit allen Erfolgsrezepten, aber auch die Einblicke in Dutzende Branchenunternehmen und mein Wissen um Trends und Märkte sowie die Expertise als Coach einen Preis. Und diesen Tagessatz bezahlen alle. Alle heißt, alle NETZWERK Partner, ob Kooperations- oder Fensterbaupartner. Alle haben die gleichen Konditionen. Absolute Transparenz und Offenheit.

Gehandelt wird bei mir nicht, das gilt auch für unsere Jahresbeiträge. Wenn jemand diesen Wert, beim Coaching oder hinsichtlich der Partnerschaft in unserem NETZWERK, nicht erkennt, dann ist er nicht der richtige Partner. Aber gecoacht werden nur unsere Partnerunternehmen. Das ist deshalb wichtig, zu erwähnen, weil immer wieder Trittbrettfahrer bei mir anrufen. Das klingt dann so: „Hallo Herr Frey, ich stehe gerade vor dieser oder jener Entscheidung. Sagen Sie doch mal, wie Sie das handhaben würden." Nach dem Motto: Ich will ja nicht gleich Partner im NETZWERK werden und meine Fragen können Sie mir doch sicher auch so beantworten.

Da gibt es nur ein klares Statement – NEIN! Ich arbeite nur für unsere NETZWERK Partner. Daher wissen die Teilnehmerinnen und Teilnehmer bei meinen Coachings, dass ich eben nicht am Tag danach Tütensuppen verkaufe. Dass ich die Fenster- und Türenbranche in- und auswendig kenne. Und liebe. Im Ernst: Dieser Branche habe ich alles zu verdanken. Und wenn ich da etwas mache, sei es bei unseren einzigartigen NETZWERK Veranstaltungen oder meinen Coachingaktivitäten, lautet die Devise immer: Wer bremst, verliert. Da gebe ich Vollgas!

**Ich gebe
immer alles!**

Wie geht das vonstatten? Zu Beginn, im Vorgespräch, wenn ich ins Unternehmen komme, dann bitte ich meinen Auftraggeber neben der Formulierung der Ziele fürs Coaching immer darum, mir noch keine Urteile oder Informationen zu einzelnen Schulungsteilnehmern zu geben. Das ist für mich ganz wichtig. Denn ich möchte mir gerne selbst ein Bild machen und nicht voreingenommen in die Tage mit den Mitarbeiterinnen und Mitarbeitern gehen. Beim Start ist das dann keineswegs so, dass mir da alle automatisch blind vertrauen würden – im Gegenteil.

Häufig ist die Gruppe heterogen. Ein oder zwei Teilnehmer haben richtig Bock. Die anderen sechs oder sieben freuen sich auf das Coaching so wie die meisten unter uns auf den Zahnarzt. Ich finde das geil. Denn ich weiß dann nach ein paar Minuten: Herzlichen Glückwunsch, Oli, da bist Du die nächsten beiden Tage richtig gefordert. Wie bekomme ich die Situation in den Griff bzw. lege ich die Grundlage dafür, dass wir die Gruppe an den beiden Tagen auch wirklich voranbringen? Zunächst spanne ich mir die Willigen gedanklich vor meinen Karren. Die wollen ja. Also dürfen sie den Karren auch ziehen.

Ich mache aber von Beginn an deutlich, dass es unser Anspruch ist, dass sich niemand nur ziehen lässt, sondern von hinten kräftig mit anschiebt. Ich muss also die sechs, sieben Skeptiker hinter dem gemeinsamen Ziel, nämlich bessere Vertriebsergebnisse zu erzielen, versammeln.

> Mein Anspruch ist es,
> jeden Einzelnen
> in Bewegung zu bringen.

Dazu gewinne ich ihr Vertrauen. Einmal auf der menschlichen Ebene. Indem ich ihnen sage, dass ich das, was ich an den beiden Tagen von ihnen erfahre, nicht ungeschützt 1:1 weitergebe. Und das mache ich auch nicht. Vor allem nicht, wenn mir jemand etwas im Vertrauen erzählt. Gleichzeitig geht es natürlich darum, mit Kompetenz zu überzeugen. Wenn die erkennen, dass sie als Gruppe von dem Coaching profitieren werden, dann habe ich sie. Dann ziehen sie auch mit. Mein ganz persönlicher Anspruch ist es, jeden Einzelnen in Bewegung zu bringen.

Dazu spiele ich die Verkaufssituation mit ihnen durch, hier einmal am Beispiel des Endkunden. Wir stellen natürlich zu Beginn unsere Budgetfrage und erfassen den Bedarf. So, und funktioniert das immer? Mitnichten. Aber: Wenn es nicht funktioniert, verrät es mir dann etwas über die Person, mit der ich es zu tun habe? Ja, sehr viel.

So könnte es laufen: Sie haben versucht, in Erfahrung zu bringen, wie viel Geld der potenzielle Kunde zur Verfügung hat und wie genau sein Bedarf aussieht. Sie unternahmen alles, um ihn auf der persönlichen Ebene ins Gespräch zu involvieren. Aber er macht zu, blockt ab. Möglichkeit eins: Der Kaufinteressent will Sie testen, ist vielleicht erfahrener Verhandler. Mein Rat: Brechen Sie rechtzeitig ab! Das hat nichts mit Aufgeben zu tun, sondern damit, dass sich Ihr Zeitaufwand am Ende im Ergebnis widerspiegeln muss. Alles andere ist unwirtschaftlich.

Also: „Sie geben mir wenig Anknüpfungspunkte, damit wir gemeinsam ein tolles Ergebnis für Ihren Fenster-/Türenkauf erzielen. Deshalb schlage ich vor, wir brechen hier ab. Ohne Informationen – zu dem, was Sie investieren möchten, und zu dem, was Sie sich wünschen – sollten wir Ihre und meine Zeit sparen. Die ist doch wertvoll, oder?" Wenn er doch ernsthaftes Kaufinteresse hat, wird er bzw. sie es nun zeigen. Dann reagieren Sie: „In Ordnung, dann hole ich Ihnen jetzt einen Kaffee, und wir beginnen nochmal von vorne."

Wenn nicht, dann ist auch das wichtig, zu wissen. Sie wollen keine zwei Stunden in jemand investieren, der Ihnen keinen Ertrag bringt. Denn die zweite Möglichkeit bei einem solchen Gesprächspartner ist natürlich schon, dass er schlicht nicht die erforderlichen Mittel hat, um sich Ihre Produkte leisten zu können – und deshalb zumacht.

Hier ein erfolgreicheres Szenario: Sie spüren schnell, Ihr Gegenüber hat keine Probleme mit dem Budget, sondern wirklich nicht viel Zeit. Das Gespräch könnte so laufen: „Was machen Sie, wenn ich fragen darf?" – „Ich bin viel unterwegs, als Montageleiter." oder „Ich bin selbstständig, habe Kunden in ganz Deutschland." – „Und, Sie haben Familie?" – „Ja, meine Frau ist zu Hause." Mein Rat: Bauen Sie Ihrem Gegenüber eine emotionale Brücke, über die er einfach drübergehen muss: „Das heißt aber, Ihre neuen Fenster und die Haustüre sollten Sicherheit bieten. Da, denke ich, sollten wir dann auf dem neuesten Stand sein." Was Sie in so einem Fall nicht machen und überhaupt oft uninspiriert wirkt, ist, dem Kaufinteressenten ohne erkennbare Priorisierung das Produktprogramm vorzustellen.

Mir ist ganz wichtig, zu sagen: Wir arbeiten mit den Vertriebsteams unserer NETZWERK Partner an praktischen Trainings. Es geht darum, dass sie das, was wir gemeinsam durchspielen, auch wirklich im Kunden- und Verkaufsgespräch anwenden können. Nicht um irgendwelche Theorien.

Aber, das muss man sich auch trauen. Aktiv zu verkaufen, bedeutet, den Anspruch zu haben, mit zielgerichteten Fragen durch das Gespräch zu führen. Auf Augenhöhe zu agieren! Das ist das A und O. Und das hat etwas mit Selbstvertrauen zu tun. Hier gelingt es mir sehr häufig, Leute auch wachzuküssen, die in meinen Coachings plötzlich, im übertragenen Sinn, zum Leben erwachen. Weil sie es sich häufig vorher nicht zugetraut haben, das Gespräch zu bestimmen. Und dann plötzlich spüren, dass sie das können. Ehrlich: Ich erlebe oft, wie diese positive Erfahrung dessen, wozu sie in der Lage sind („Selbstvergewisserung"), Menschen einen Push gibt. Menschen, denen das bis dato einfach nicht zugetraut wurde – und die es sich selbst dann auch nicht zutrauen. Das hat nichts mit Manipulation oder Gehirnwäsche zu tun. Meine Aufgabe ist es, die Potenziale aus allen Mitarbeitern herauszukitzeln. Deshalb bezeichne ich mich als Menschenfänger.

Zuhören und nicht immer selbst das Wort zu ergreifen, macht den Unterschied.

Und dann kommt es auch vor, dass ich hinterher, wenn ich meine Eindrücke dem Auftraggeber schildere, ihm sagen muss, bei dem oder jener, da habt Ihr einen Rohdiamanten, den man aber noch schleifen muss. Gib ihm/ihr mehr Verantwortung, lass ihn/sie Vertrauen spüren, dann werdet Ihr viel Freude daran haben.

Deshalb ist es für mich unabdingbar, mir selbst mein Bild von den Teilnehmerinnen und Teilnehmern des Coachings zu machen. Weil unter denen, die in der internen Hierarchie vielleicht keine große Rolle spielen, verborgene Talente schlummern können. Und es ist sehr häufig vorgekommen, dass die – nach den Erfahrungen im Coaching und mit gestärktem Selbstvertrauen – danach richtig losgelegt haben.

„Durch das intensive und regelmäßige Vertriebscoaching zusammen mit dem NETZWERK Frey in der Workshopreihe ‚Verkaufen heute' können wir unsere Außendienstmitarbeiter im Vertrieb weiter positiv entwickeln."
Armin Wanka
Leitung Vertrieb Deutschland Gretsch-Unitas GmbH Baubeschläge

Andersherum benötigen auch die Chefs manchmal Selbstvergewisserung in Form externer Bestätigung – in dem Fall durch mich, wenn es um Teammitglieder geht, von denen sie insgeheim wissen, dass sie nicht nur nicht zu den High Performern zählen, sondern – und das ist gefährlich – auch noch dem Spirit im Unternehmen schaden. Natürlich gebe ich dazu Feedback, zumal die engagierten Mitarbeiterinnen und Mitarbeiter nicht das Gefühl bekommen sollten, dass es keinen Unterschied macht, ob jemand bereit ist, an seiner Weiterentwicklung zu arbeiten, oder nicht.

Das ist genau die Botschaft, die wir nicht brauchen. Meine Botschaft lautet, im Vertrieb wie in der Unternehmensführung: Du kannst alles erreichen, aber Du musst bereit sein, ausgetretene Pfade zu verlassen, Dich auf den Weg zu machen und immer im Blick zu haben, den erfolgreichen Abschluss zu realisieren. Darauf kommt es am Ende an.

Und dazu brauchen wir, wir alle, unser Team. Die Produkte, und das meine ich nicht negativ, sind vergleichbar geworden. Wenn ich mir ansehe, was unsere Branche herstellt, dann sind das zum weit überwiegenden Teil tolle, energetisch funktionale und mit jeder Menge Zusatznutzen erhältliche Fenster und Türen. Plus richtig anspruchsvolle Lösungen für Sonnenschutz und Home Living.

> ## Der Mensch
> ## macht den Unterschied,
> ## nicht das Produkt.

Was macht also den Unterschied? Für mich ist die Antwort klar. Es ist immer der Mensch, der im Mittelpunkt steht. Der die Reise, auf die Sie den Kunden bzw. die Kundin mitnehmen, zu etwas Einzigartigem macht.

Wie geht das? Mit positiver Emotion. Geben Sie Ihrem Gegenüber das Gefühl, dass gerade nur er/sie in Ihrem Kopf ist, Ihre volle Aufmerksamkeit hat. Das klingt banal, ist aber für den Erfolg entscheidend. Natürlich brauchen Sie innovative Produkte, müssen Sie glaubwürdig rüberbringen, dass Ihr Unternehmen den Käufer nicht alleine lässt, wenn mal ein Beschlag nachgestellt, ein Griff getauscht werden muss.

Und Sie müssen ein Ambiente erzeugen, in dem er/sie Lust hat, sich auf Ihre Informationen und Ihre Performance einzulassen. In dem er dafür empfänglich ist. Letzteres liegt natürlich nicht unwesentlich in der Verantwortung des Eigentümers. Und der sollte daran auch ein Interesse haben, sowohl was die technische Ausstattung des Showrooms oder auch die Impulse für die PoS Gestaltung beim Fachhändler angeht; als auch mit Blick auf das Gesamterlebnis, welches immer auch Einflüsse wie Mobiliar, allenfalls angenehme Hintergrundmusik, einen guten Kaffee oder auch, wenn es wirklich hochwertig sein soll, das Thema kleiner, leckerer Snacks einschließt – ganz banale Dinge, die Sie alle bereits wissen. Aber machen Sie es auch? Noch besser: Leben Sie das täglich in Ihrem Unternehmen?

Versetzen Sie sich in die Lage des Kunden/der Kundin: Sie haben es geschafft, ihn bzw. sie mit dem Ambiente des Verkaufsgesprächs zu überraschen? Er/Sie wird darüber berichten. Freunden, Kollegen, der Familie. Zeigen Sie ruhig auch, dass Sie auf alle Prozesse im Unternehmen stolz sind. Warum hat das so genannte Showcooking zunehmend Konjunktur, wenn Sie heute Essen gehen? Die

Antwort ist einfach: Wenn Sie Ihrem Gast einen Einblick in die Küche, in den Entstehungsprozess geben, wirkt sich das in mehrfacher Hinsicht aus:

1. Er sieht, mit welchem Qualitätsanspruch das entsprechende Restaurant zu Werke geht, und weiß das Ergebnis dann auch zu schätzen.

2. Sie unterstreichen mit dieser Offenheit, dass Sie nicht nur nichts zu verbergen haben, sondern auch stolz auf die Mitarbeiterinnen und Mitarbeiter im Team sind, die eher im Verborgenen wirken. Das ist Wertschätzung pur.

3. Sie heben sich von der Masse ab. Der Kunde hat nicht länger das Gefühl, dass Sie nur sein Geld wollen, sondern dass er mit dazugehört. Das schafft eine Verbindung, eine Bindung ans Unternehmen, die im Verkauf als Unterstützung unschlagbar ist.

Worauf ich mit dem Quervergleich hinauswill, ist klar. Sie haben die (bauliche) Möglichkeit, um dem Kunden – zum Beispiel durch ein Fenster oder vielleicht sogar per Live Webcam – Eindrücke aus Ihrer Fertigung zu vermitteln? Das kann wie geschildert mehrere positive Auswirkungen haben. Denn auch in Ihrem Unternehmen besteht grundsätzlich die Möglichkeit, dass sich Abteilungen verselbstständigen. Das kann bedeuten, dass die Mitarbeiterinnen und Mitarbeiter das große Ganze aus den Augen verlieren. Das spürt man dann an Sätzen wie „Ja, die im Außendienst" oder „Ja, unsere Chefs". Dem sollten Sie entgegenwirken.

Und das tun Sie, wenn Sie beispielsweise den Kunden einen Einblick in die Fertigung geben. Weil sie damit automatisch auch den Jungs dort zeigen, dass sie dazugehören. Dass das Unternehmen stolz auf sie ist. Letzteres muss sich natürlich auch im persönlichen Umgang widerspiegeln. Lassen Sie sich also auch als Unternehmer dort ruhig mal sehen. Sie werden erstaunt sein, was da schon ein freundliches Wort bewirken kann. Wissen Sie alle – allein es fehlt die Zeit. Die darf Ihnen niemals fehlen, wenn Sie die Unternehmenskultur weiterentwickeln wollen. Überraschen Sie Ihre Mitarbeiter mit neuen Ideen, damit nicht alles zur Gewohnheit wird.

Und vergessen Sie nicht: Wir reden hier nicht darüber, die Mitarbeiter totzustreicheln, keine Leistung zu verlangen oder immer noch teurere Incentives auf die Beine zu stellen. Letztlich geht es um eine kleine Geste der Wertschätzung und des Respekts, die von Herzen kommen muss. So entsteht eine positive Dynamik im Unternehmen – und Sie werden durch solche Aktionen Aufbruchsstimmung spüren. Für so einen Vorgesetzten brenne ich als Angestellter und bin ich auch bereit, Vollgas zu geben. Im Grunde lässt sich beim Thema Führungskultur vieles mit zwei Punkten zusammenfassen:

1. Wer sich reinhängt und Ergebnisse liefert, der muss auch das Gefühl haben, dass das gewürdigt wird. Sei es finanziell, sei es auch in Form von kommunizierter Anerkennung. Insofern kann es gefährlich sein, wenn Leute im Betrieb gewohnheitsmäßige Privilegien genießen, nur weil sich das so eingeschlichen hat und sich da keiner mehr rantraut. Das habe ich selbst erlebt – und zur Sprache gebracht.

2. Wertschätzung ist immer eine gute Grundlage für Wertschöpfung. Was Sie mit ganz kleinen Dingen, die nicht viel kosten müssen und wiederum in erster Linie den Respekt für Ihre Kolleginnen und Kollegen und die emotionale Verbundenheit mit dem Team zum Ausdruck bringen, bewirken, steht ertragsmäßig oft in einem fantastischen Verhältnis zum Aufwand.

Auch für Geschäftsführer und Inhaber geht es manchmal darum, aus ihrer Komfortzone zu kommen. So wie ich zum Vertriebsmitarbeiter sage „Jetzt komme ich in Deine Komfortzone", weil es nicht smart ist, im Vertrieb Freitagmittag Schluss zu machen, so habe ich nach unseren Coachings bisweilen auch für die Verantwortlichen Botschaften, die diese nicht immer gerne hören wollen.

**Geht nicht,
gibt's nicht.**

Denn was nicht geht, ist, von den Beschäftigten neue Wege und Veränderungsbereitschaft einzufordern, aber selbst am liebsten den bekannten Trott beibehalten zu wollen. Wer im Unternehmen besser werden will, der muss offen sein, neue Wege einzuschlagen. Das gibt es nicht immer zum Nulltarif. Konkret: Wenn wir in der Verkaufsschulung gemeinsam mit den Teilnehmerinnen und Teilnehmern herausarbeiten, dass viele Produktleistungen – sei es in der Ausstellung, sei es in den Räumen der Distributionspartner – häufig gar nicht, im wahrsten Sinn des Wortes, darstellbar sind, dann kommen wir auf Geschäftsleitungsebene mutmaßlich um Investitionen nicht herum. Das sind dann keine konsumtiven, sondern investive Ausgaben.

Wir wollen per Sprachsteuerung bedienbare Bauelemente verkaufen: Dann macht es sicher Sinn, so etwas dem Kunden oder der Kundin, die komfortorientiert sind, auch live vorführen zu können. Da kann ich viel darüber erzählen, es zu sehen oder zu hören, sorgt für den Aha-Effekt. Ich muss Schallschutz hörbar machen, um das als Mehrnutzen zu verkaufen.

Wie verhält sich das mit einer einheitlichen, mitreißenden Präsentation und haptischen Erlebnissen beim Fachhandel? Gerade bei neuen Themen ist es unabdingbar, dass nicht nur zu technischen Features, sondern zum emotionalen Verkaufen geschult wird. Vonseiten des Lieferanten. Gleichzeitig macht es Sinn, sich über die Platzierung des Themas am Point of Sale Gedanken zu machen. Ich als Hersteller würde dabei die Muster nicht verschenken. Was nichts kostet, ist nichts wert – das gilt auch für B2B Setups. Aber was ich einbringe, ist meine Kompetenz und mein Erfahrungsschatz.

Da muss System rein und dürfen sich die handelnden Personen, wo es notwendig ist, auch nicht scheuen, etwas Geld in die Hand zu nehmen. Dann gibt es hier Potenzial. Schließlich, und das muss man sich einfach klarmachen, sind es am Ende ja gerade die Dinge, die etwas Hirnschmalz und Aufwand erfordern, mit denen ich mich von meinem Mitbewerb absetzen kann.

Diese Lektion habe ich im Vertrieb frühzeitig selbst gelernt. Wie gelingt es, Erlöswachstum zu erzielen, während die meisten Stagnation fortschreiben? Indem ich den Kunden und denen, von denen ich überzeugt bin, dass sie Kunden werden, etwas biete, das sie sonst nirgends bekommen. Die angesprochene ARGE Bau- und Wohnungswirtschaft, die ich zu Beginn meiner Zeit in der

Kunststofffenster-Profilindustrie mit ins Leben gerufen hatte, habe ich auch nach meinem Wechsel in der Profilbranche weitergeführt, selbstverständlich dann mit meinem damals aktuellen Arbeitgeber als einzigem Systemhaus. Hat das Zeit gekostet, die Kontakte zu Bauträgern und GU aufzubauen, um meine bzw. Neukunden am damit verbundenen Objektgeschäft partizipieren zu lassen? Aber mit Sicherheit, und nicht wenig.

Aber so konnte ich meine Zusagen den Betrieben gegenüber einhalten, die entweder mit mir gewechselt sind oder in den Jahren danach umstellten. Tatsächlich habe ich mich nicht mit dem Mehrumsatz für uns, also meine Firma, zufriedengegeben. Sondern mich persönlich darum gekümmert, auch unseren Kunden, den Verarbeitern unserer Systeme, Mehrumsatz zu bringen. Das hat sich auch in der Branche herumgesprochen. Deshalb haben mir es die Leute abgenommen, wenn ich denen gesagt habe: Wenn Du mit uns arbeitest, dann bringe ich Dir neue Kunden! Da gibt es dann auch kein „Vielleicht" oder „Wenn's gut läuft". Da gibt es nur: angekündigt – geliefert.

Raus aus der Komfortzone!

Und dazu muss man raus aus der Komfortzone. Weil mit nullachtfünfzehn und dem, was ich halt gerade so machen muss, wird das hinten und vorne nichts. Deshalb, da kann ich mich nur wiederholen, lautet meine Message an junge Vertriebsmitarbeiter: Das ist wirklich der geilste Job der Welt. Weil Du, wenn Du es wirklich willst, alles erreichen kannst. Du brauchst dazu ein gewisses Talent, was ich sicher hatte. Aber vor allem brauchst Du die Einsicht, dass es ohne Fleiß nicht geht. Der Faktor Mensch steht für mich immer im Mittelpunkt. Das ist die Schlussfolgerung, die man daraus ziehen kann. Denn er ist es, der am Ende den Unterschied macht. Klarerweise müssen die Produkte marktfähig sein.

„Durch die Beratung und das Aufzeigen von betriebswirtschaftlichen Optimierungspotenzialen konnten wir mit der Unterstützung von Herrn Frey und seinem NETZWERK einen Meilenstein in unserem Unternehmen setzen. Diesen Weg werden wir gemeinsam weitergehen und sind somit für die weiteren Herausforderungen im Markt perfekt vorbereitet."

Markus Beuschlein

Geschäftsleitung WEKU GmbH & Co. KG Fenster + Türen

Aber abgesehen von Alleinstellungsmerkmalen sind die Produkte immer vergleichbar, gerade in der Fenster- und Türenbranche. Im Gegenteil, Du hast als Verkäufer fast immer auch die Aspekte, wo Du genau weißt: In dem Bereich verkaufst Du keinen Produktvorteil. Sondern hast nicht zuletzt die Aufgabe, Vorteile des Wettbewerbers zu kaschieren.

Schlussendlich geht all das nur auf der persönlichen Ebene. Wenn mein Gegenüber das Gefühl hat, dass ich mir seine Ausgangsposition, seine Herausforderungen und seine Wünsche zu eigen mache und ihn mit der Zusammenarbeit substanziell weiterbringe, dann ist das Thema auf einem guten Weg. Wenn ich dann noch Futter mitbringe – in Form verbindlicher Zusagen oder vielleicht sogar neuer Erlöschancen bis hin zum Abschluss in Reichweite – dann habe ich seine Aufmerksamkeit. Und dann geht es auch viel eher um Loyalität, als wenn ich im Grunde nur das gleiche Package mit anderer Verpackung als mein direkter Mitbewerber anbiete.

Diese Erfahrungen bringe ich natürlich in die Coachings für unsere NETZWERK Partner ein. Und sage den Vertriebsteams auch ganz klar, dass sie – mit ihrem Auftritt beim Kunden, ihrer Serviceorientierung, einem starken Unternehmen im Rücken und natürlich idealerweise den richtigen Produkten – ganz wesentlicher Teil der Gesamtperformance sind. Und dass sie bitte, bitte andere Vorzüge im Werben um die Fortsetzung bzw. Intensivierung oder die Aufnahme der Zusammenarbeit in den Vordergrund stellen sollen als den Preis.

Nun wird ganz sicher der eine oder andere kommen und sagen: Ja, aber wenn, wie sich andeutet, beispielsweise im Neubau die Nachfrage aufgrund der gesamtwirtschaftlichen Entwicklung in den kommenden Jahren die eine oder andere Delle erhält, dann ist das doch nicht die Zeit für hohe Preise. Antwort: Aber ganz sicher auch nicht die Zeit für Preisdumping. Siehe die Kosten, die anfallen, um meinen Personalbedarf mit guten Mitarbeiterinnen und Mitarbeitern zu decken: Außer für die NETZWERK Kooperations- und Fensterbaupartner, die wissen, dass sie bei uns diese Leistung exklusiv zu sehr wirtschaftlichen Konditionen und insbesondere mit der Gewissheit bekommen, dass wir zwar keineswegs nur in der Branche suchen, aber die Anforderungsprofile in der Fenster- und Türenbranche aus dem Effeff kennen.

Siehe außerdem, was wir bereits zur Notwendigkeit festgehalten haben, sowohl den Teamspirit mit geeigneten Gemeinschaftserlebnissen zu stärken als auch Kundenerlebnisse zu schaffen – mit Ausstattung und State of the art-Service bis zu Einbau und

Inbetriebnahme. Dafür benötigen Sie unternehmerisch gesehen genauso wirtschaftliche Spielräume wie für Schulungen und Fortbildungen, nicht nur, aber eben insbesondere im Vertrieb.

Mal ganz abgesehen davon, dass um uns herum wenig günstiger wird. Die Energie nicht, die Mobilität nicht und die Vorprodukte nicht. Schlussendlich gibt es kein Potenzial für Preissenkungen. Was hingegen Sinn macht, ist, sich den Markt und selbst die gesellschaftliche Entwicklung anzusehen. Denn der grobe Trend, ob er uns nun gefällt oder nicht, hält seit Jahren an. Wenn Sie Qualität fertigen und verkaufen wollen – etwas anderes wird in Deutschland aufgrund der Standortbedingungen schwerlich machbar sein – dann geht Ihr bisheriges Käufersegment zum Teil vielleicht verloren.

Untere Einkommensgruppen werden sich aufgrund der weiter schwindenden Kaufkraft zunehmend hochwertige Fenster, Haustüren mit Zusatzausstattung künftig nur mit Abstrichen leisten können bzw. konsultieren für derlei Wohnwünsche SB- und Baumärkte. Stattdessen können Sie mit Ihren qualitativ hochwertigen Produktlösungen, die Funktionen wie Lüftung, Tageslichtsteuerung, Einbindung in Home Living-Systeme und zum Beispiel Sicherheit auf Top Level vereinen, explizit überdurchschnittlich solvente Käufergruppen ins Visier nehmen.

Das hat bitte nichts mit Arroganz zu tun. Sondern damit, strategisch in der breiten Mittelschicht und in der Formulierung der Unternehmensziele seine Hausaufgaben zu machen. Konkret: Ja, wir brauchen aufgrund des fehlenden Wohnraums und der deshalb bei allem Krisengerede zu erwartenden Aktivitäten im Neubausektor in großer Zahl Fenster, Türen und Sonnenschutz. Sie als Unternehmer müssen für sich entscheiden, ob das damit verbundene, tendenziell preissensible Objektgeschäft Ihr Beritt ist. Wenn ja, sind die Themen mit Blick auf große Stückzahlen und die besonders hoch zu priorisierende Lieferfähigkeit zweifellos ein moderner Maschinenpark und eine weitestgehend automatisierte Fertigung. Versuchen Sie mit Ihrem Unternehmen mehrere Standbeine aufzubauen und Zielgruppen zu bedienen – Objekt, Fachhandel, Endkundengeschäft, Neubau und Sanierungsmarkt.

Sagen Sie aber, mein Thema ist die Sanierung und das hochwertige Privatkundengeschäft, dann sollten Ihre Bauelemente mit allen möglichen Zusatzfeatures auf- und ausrüstbar sein, die der Fenster- und Türenmarkt hergibt. Sie brauchen zweifellos eine Aluminium-, vielleicht eine Holzhaustür. Nicht unbedingt im Portfolio dessen, was Sie selbst produzieren, aber in dem Sortiment, das Sie liefern können. Sie brauchen eine hochwertige Montage, auch die kann man alternativ einkaufen. Und Sie brauchen, unabdingbar, eine hochwertige Präsentation Ihrer Produkte – ob im eigenen Verkaufsraum oder bei Ihren Wiederverkäufern – und einen ebensolchen Verkauf. Das ist ganz wichtig: Je exklusiver das fokussierte Kundensegment ist, desto höher ist gerade in diesem Bereich der Anspruch an ein Verkaufsgespräch. In Abhängigkeit vom Weg, der für Ihr Unternehmen der richtige ist, stellen sich Anschlussfragen: nach der richtigen Betriebsgröße, nach dem Zukauf bestimmter Ergänzungsprodukte, nach den richtigen Kundenbindungsinstrumenten, etwa kleinen, aber feinen Veranstaltungen, nach der effektivsten Kundenansprache von Printwerbung bis Social Media.

Es kann also gut sein, dass gerade bei sich abzeichnenden Marktverschiebungen bis hin zur Verdrängung das Nachschärfen des eigenen Fokus zur rechten Zeit kommt. Wir haben viele aktive Unternehmer bei uns im NETZWERK. Leute, mit denen die Zusammenarbeit Spaß macht. Und immer wieder auch mal einen, der nicht so recht in unsere Fensterbaufamilie passt. Dann lautet die Devise: Für jeden verlorenen Kunden gewinnen wir zwei neue!

Im NETZWERK
steckt das Herzblut
von mir und meiner Familie.

Ich muss allerdings sagen, dass wir seit der Gründung eine ungeheure Erfolgsgeschichte schreiben und unseren Traum zusammen mit unseren Kunden und NETZWERK Partnern leben dürfen. Und ich darf eines allen zurufen, die sich fragen, was es mit dieser besonderen Business Plattform, die fast monatlich Kooperations- und Fensterbaupartner gewinnt, auf sich hat: Es ist nichts gespielt. Im NETZWERK steckt das Herzblut von mir und meiner Familie. Und nun auch der nächsten Generation, mit meinem Neffen Jannik und meinem jüngsten Sohn Niklas. Wir alle, die ganze Familie rund um meine Frau Tanja, widmen uns einen Großteil des Jahres über – neben sehr vielen Coachings bei unseren Kunden – der Konzeption der vor uns liegenden Veranstaltungen. Und ich mache kein Hehl daraus, dass ich mich manchmal zwicken muss, wenn wir zu unserem Partnertag Teilnehmerzahlen von über 200 Unternehmern und Führungskräften anpeilen. Als Einzelfirma wohlgemerkt, nicht mit einem Verband oder als Institution.

Dafür möchte ich mich bei allen Wegbegleitern bedanken. Und Ihnen, Euch versichern: In jedem Coaching und bei jedem unserer

Events geben wir alles für Euch. Und da hat uns auch die Pandemie nicht aufhalten können. Sowohl mit dem Partnertag 2021 als auch mit den NETZWERK Fenstertagen schon im Jahr zuvor haben wir in einer Phase, als in unserer Branche so gut wie nichts stattfand, nicht klein beigegeben. Im Gegenteil, in Heidenheim haben wir im Stadion der Profikicker des FC Heidenheim eine eigene Bühne errichtet und ein sehr ehrgeiziges Sicherheits- und Hygienekonzept gefahren. Unsere Erfahrung war: Es hat sich gelohnt! Wir bekamen Dutzende Rückmeldungen, die ungefähr so klangen: „Oli, sofern irgendwie zulässig, nehmen wir teil und unterstützen Euch. So viel Mut muss einfach belohnt werden."

Mut wird
immer belohnt.

Genau das ist auch meine Überzeugung. Wenn wir etwas erreichen wollen, müssen wir unseren Mut zusammen- und das Schicksal in die eigenen Hände nehmen. Natürlich ist das noch keine Erfolgsgarantie. Ich komme später noch zu dem, was ich in meinem Leben immer wieder als Fügung erlebt habe und wovon ich wirklich glaube, dass es passieren musste. Was es aber gibt, sind erprobte Konzepte, die zugeschnitten sind auf herstellende und handelnde Unternehmen in der Türen- und Fensterbranche, auf den hochwertigen Bauelementeverkauf. Und hier können sich meine NETZWERK Partner sicher sein, dass ich in meinen, belegbar sehr erfolgsträchtigen, Coachings nichts zurückhalte. So wenig wie in diesem Buch.

„Mit Oliver Frey konnten wir durch das Unternehmercoaching völlig neue Einblicke gewinnen, die uns für die zukünftigen Herausforderungen im Markt einen Wettbewerbsvorsprung ermöglichen. Wir werden die erfolgreiche Zusammenarbeit mit dem NETZWERK Frey ausbauen, um unser Unternehmen und unsere Mitarbeiter weiter vertriebsorientiert auszurichten."

Stefan Reitze
Geschäftsführer Gutbrod Fenster und Türen GmbH & Co. KG

Am Ende gilt immer: Angst essen Seele auf. Das besitzt Gültigkeit im Großen, auf der Ebene unternehmensstrategischer Entscheidungen, und im Kleinen, im Verkaufsgespräch. Gehen Sie auf Ihre Kunden zu und zeigen Sie Ihnen, dass Sie vom gemeinschaftlich erreichbaren Erfolg überzeugt sind. Das ist die Grundvoraussetzung, um überzeugen zu können.

Diese Energie und diesen Elan setzen Sie genauso bei der Entwicklung von Potenzialkunden ein. Geben Sie sich nicht mit dem Erreichten zufrieden, sondern machen Sie Ihren Kunden Angebote. Wenn das Dargebotene einen Mehrwert beinhaltet und Sie in der bisherigen Geschäftsbeziehung Vertrauen aufgebaut haben, stehen die Zeichen auf Erfolg. Denn unser Ziel ist immer eine Win-win-win-Situation: für Sie als guten Vertriebler, für Ihr Unternehmen als vorwärts orientierten Nutzenstifter und natürlich für Ihre Kunden, die sich mit Ihnen gemeinsam erfolgreich entwickeln und dadurch automatisch auch eine zunehmend enge Bindung zum Verkäufer und Lieferanten aufbauen.

Menschen kaufen bei Menschen. Das ist nicht neu, sollten wir uns in Zeiten um sich greifender Onlinemeetings aber in Erinnerung rufen. Nicht falsch verstehen: Dass ein anderthalbstündiger Termin vor Ort den Flug von Stuttgart nach Berlin diskutabel erscheinen lässt, ist unstrittig. Genauso sicher aber ist: Vertrieb lebt von Kundenbindung – und das ist mehr als das Päckchen an Weihnachten.

Wenn ich mit jemand verbunden sein möchte und ähnliches umgekehrt erhoffe, dann ist es unabdingbar, persönlich auf ihn zuzugehen, mich nach seinen Themen- und Problemstellungen zu erkundigen und mit ihm gemeinsam nach Möglichkeiten zu suchen, Lösungen für beide Seiten zu finden. Wenn ich im Außendienst den Anspruch habe, meinem Kunden wirklich zur Seite zu stehen, und diesen Anspruch auch einlöse, erreiche ich mehrere Punkte:

- Loyalität: Das heißt keinesfalls, dass der Kunde ungeprüft das Kreuzchen bei mir macht. Aber es heißt, dass er im Bedarfsfall zuerst mir Gelegenheit geben wird, mein Paket vorzustellen, oder das letzte Wort in einer Verhandlung zu haben.

- Empfehlungen: So etwas spricht sich immer rum. Wenn Sie als Vertriebsmitarbeiter dem Kunden ankündigen, Sie kümmern sich persönlich darum, dass er im Fall der Zusammenarbeit mit Ihnen neue Kunden gewinnt, und Sie liefern entsprechend, dann wird darüber auch mit Sicherheit geredet, schon allein weil es vom Standard abweicht. Aber Vorsicht: Bei derlei Ankündigungen sollten Sie sich auch darüber im Klaren sein, dass Sie Erwartungen wecken. Diese schlagen womöglich in Enttäuschung um, wenn sie nicht erfüllt werden – und darüber wird dann auch geredet, nur anders.

- Aufmerksamkeit: Diese Art von Commitment und persönlichem Einsatz bleibt im Gedächtnis. Das erlebe ich in der Fenster- und Türenbranche auch heute noch, zum Teil mit mehreren Jahrzehnten Abstand zu meiner damaligen Vertriebstätigkeit.

Machen Sie
die Themen der Kunden
zu Ihrem persönlichen Anliegen.

Zwischenfazit: Erfolg im Vertrieb zu haben, das bedeutet immer auch, sich die Themen der Kunden zum persönlichen Anliegen zu machen. Dann kommt auch das Payback in Form von Aufträgen. Wenn der Abschluss, also das, was rechts unten stehen muss, so viel mit persönlichem Einsatz zu tun hat, muss dann jeder Vertriebler ein Workaholic sein? Definitiv nicht. Aber lassen Sie uns auch ehrlich sein. Wer außergewöhnlich viel erreichen will, wer ehrgeizig ist, der wird nicht umhinkommen, auch mal dorthin zu gehen, wo es wehtut. Ein Abendtermin, vielleicht – in Ausnahmefällen – eine Wochenendschicht. Grundsätzlich, und das hat nicht per se etwas mit Arbeitszeiten zu tun, muss ich meinen inneren Schweinehund immer mal wieder in seine Schranken weisen. Dann nämlich, wenn er mir suggeriert: Du hast doch wirklich alles für den Kunden getan, jetzt lass aber mal gutsein.

Dann schaue ich in den Spiegel und frage mich: Stimmt das? Oder habe ich „nur" das gemacht, was Standard ist, was auch alle anderen machen? Es ist wichtig, hier ehrlich mit sich selbst zu sein. Sich in die Lage des Gegenübers zu versetzen, sich zu fragen, was würde mich an seiner Stelle dazu bringen, zu meinem Unternehmen zu wechseln, mir das Vertrauen zu geben. Das hilft. Und wenn man sich dann ehrlich eingestehen muss, dass die Performance nicht ausreicht, um vorgeschobene Überzeugungen ins Wanken zu bringen, die zumeist Gewohnheiten sind, dann weiß ich, so wird's nichts.

Andererseits ist es auch immer wichtig, Erfolgswahrscheinlichkeiten in die Waagschale zu werfen. Wir sollten nicht immer die gleichen 80 Prozent der Kunden – ich sage immer: totstreicheln – in der Hoffnung auf Umsatzzuwächse im Bestandskundensegment, wenn bei realistischer Betrachtung auch nach 15 Jahren noch nichts darauf hindeutet, dass die entsprechenden Betriebe sich plötzlich unverhofft zu Potenzialkunden entwickeln. Denn, wie bekannt ist, machen wir mit 20 Prozent unserer Kunden 80 Prozent unseres Umsatzes.

Das macht aus mehreren Gründen keinen Sinn und wird im Zuge der voranschreitenden Personalknappheit künftig noch weniger darstellbar sein. Zum einen kostet es gute Vertriebsmitarbeiter, an denen Unternehmen – wie das bei allen qualifizierten Fachleuten der Fall ist – zum Teil schon jetzt, aber sicher in der Zukunft ganz bestimmt kein Überangebot haben, zu viel Energie und Zeit, als dass es sinnvoll wäre, sie mit immer neuen Impulsen auf Bestandskunden anzusetzen, die entweder nicht in der Lage sind oder kein Interesse daran haben, sich gemeinsam nach vorne zu entwickeln. Zum anderen fehlen diese Ressourcen, um sie an besserer Stelle mit mehr Aussicht auf Erfolg einzusetzen. Sei es bei wirklichen Potenzialkunden, sei es in der Neukundengewinnung.

Hier ist es auch wichtig, im Unternehmen selbst aktuelle Themen ehrlich anzusprechen. Die Entwicklung der Löhne, der Steuern und Abgaben, Punkte wie die Teuerungsrate – auch in unserer Branche kann ich keinem Herstellerbetrieb Stagnation im reinen Verwaltungsmodus empfehlen. Sonst ist klar, was passiert: Wenn Umsatz und Erlös sich nicht entwickeln, aber die Kosten steigen, werden die Ergebnisse und damit die Spielräume für Investitionen in Zukunft kleiner. Der viel beschworene Teufelskreis. Wenn ich als Unternehmer aufhöre zu investieren – in den Vertrieb, meine eigenen Mitarbeiter, Schulungen für den Fachhandel – gerate ich im Marktvergleich erst recht ins Hintertreffen und werde noch mehr Schwierigkeiten haben, Geld zu verdienen.

Also kann die Devise nur lauten, sich mit guten, motivierten, wertgeschätzten Mitarbeiterinnen und Mitarbeitern und mit Sachverstand analysiertem Kundenportfolio in die richtige Richtung zu entwickeln, die Zukunft mit Freude anzugehen und, natürlich, zu wachsen.

Und, ganz ehrlich: Was würde mehr Spaß machen, als bei einem Unternehmen zu arbeiten, das sich selbst eine gute Perspektive gibt. Das hat nichts mit astronomischen Wachstumssprüngen zu tun, zuallererst geht es immer um das Ergebnis. Und, ja, es ist auch mit strukturellen Korrekturen möglich, dieses Ergebnis ohne Umsatzzuwächse zu steigern. Vor allem aber brauchen wir ein Team, egal ob Geschäftsleitung, Außendienst, Innendienst, Produktion oder der Einkauf, das gemeinsam anpackt. Und das weiß, dass Erfolg immer bedeutet, die Potenziale im Unternehmen zu heben.

Diese Aufbruchsstimmung mit positiver Energie zu wecken, bedarf manchmal etwas Unterstützung von außen. Ich sehe unser NETZWERK als geschützten Raum für die Unternehmer und Verantwortlichen der Fenster- und Türenbranche, als Plattform für den Austausch unter Gleichgesinnten, auch wenn sie den gleichen Markt bearbeiten und sich dort begegnen – um sich zuzuhören, um zu netzwerken und zu kontakten und sich von unseren Veranstaltungen mitnehmen zu lassen auf eine Reise zur Begeisterung, die immer aus den Unternehmen zu den Kunden kommen muss und die ich bei jedem meiner Coachings für unsere Kooperations- und Fensterbaupartner im Gepäck habe. Stehen zu bleiben, ist nie eine Option. Lassen Sie uns in Bewegung kommen und gemeinsam die Branche voranbringen. Das schafft Anziehungspunkte, nicht nur für unsere Kunden, sondern auch für die Mitarbeiter von morgen.

Lassen Sie uns gemeinsam in Bewegung kommen.

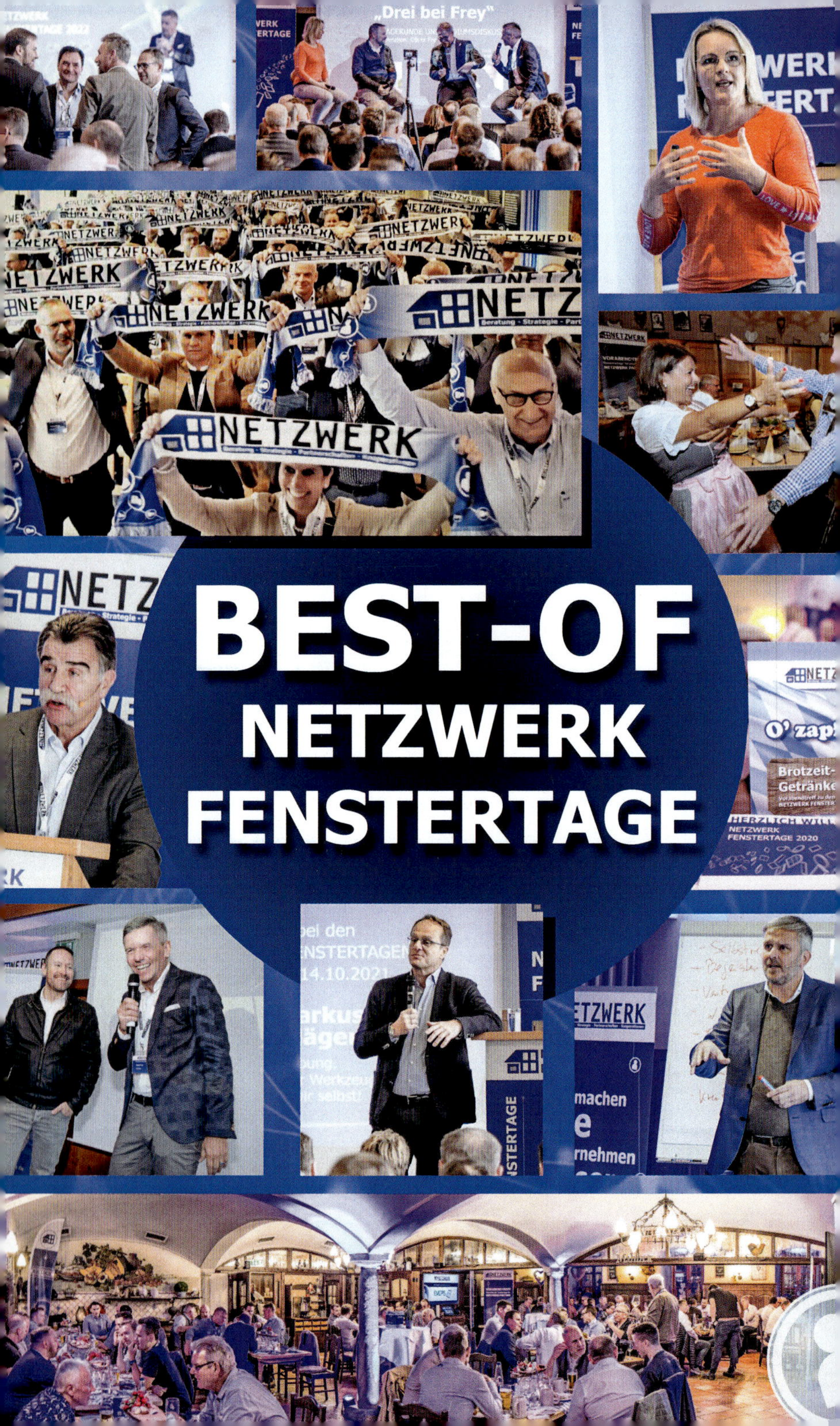

BEST-OF
NETZWERK
FENSTERTAGE

VII. Familienangelegenheiten

Ja, die gibt es, auch in unserer Fensterbaufamilie, die für mich eine Herzensangelegenheit ist. Ich habe der Fenster- und Türenbranche wirklich alles zu verdanken. Ohne diese Menschen und ihr Vertrauen, ohne ihre Wünsche, Erwartungen und Zielsetzungen hätte ich NETZWERK niemals zu dem machen können, was es heute ist. Denn diese Fensterbaufamilie ist einzigartig.

Und ich glaube, das spüren auch die NETZWERK Partner. Dabei haben wir natürlich auch gelernt und uns entwickelt. Während die ersten Veranstaltungen noch von dem Versuch geprägt waren, unseren Kooperationspartnern eine Plattform für deren Botschaften in Form von Fachvorträgen zu geben, liegt in dem Kontext der Fokus heute auf unserer Innovationsausstellung, die seit Jahren regelmäßig ausgebucht ist. Unser Kapital ist etwas ganz anderes als Werbeminuten. Es geht um den besonderen Spirit auf unseren Veranstaltungen, sowohl beim Partnertag mit Stadionatmosphäre, etwa in der VIP Lounge der VOITH ARENA in Heidenheim, als auch während der NETZWERK FENSTERTAGE in Rosenheim.

Denn unsere Veranstaltungskonzepte, die stets mit neuen Highlights wie dem erstmals in der Fenster- und Türenbranche angebotenen Flying Dinner, dem Meet & Greet mit Fußball-Weltmeistern wie Guido Buchwald oder der Mixed Zone mit Interviews vor der Kamera gespickt sind, sorgen für das Wertvollste, was wir in dieser Zeit bieten können: Offenheit, Aufmerksamkeit und positive Neugierde, ja Hunger nach Impulsen bei unseren Teilnehmerinnen und Teilnehmern. Diese Offenheit leben wir vor und bieten Fensterbaubetrieben stets die Möglichkeit zum einmaligen Schnuppern, ehe sie sich für eine Partnerschaft im NETZWERK entscheiden. Dabei machen unsere Ideen branchenweit, auch in Industriekreisen, von sich reden.

Es kommt immer wieder vor, dass mich Führungskräfte großer Unternehmen anrufen und sich bei mir danach erkundigen, was es mit unseren Veranstaltungen auf sich hat. Das klingt dann so: „Ja, Herr Frey, jetzt dachte ich, ich muss Sie doch einmal anrufen." – „Ja, schön, das freut mich. Was kann ich denn für Sie tun?" – „Es geht um Ihre Veranstaltung in Heidenheim." – „Ja, den NETZWERK PARTNERTAG in der VOITH ARENA in Heidenheim." – „Ja, genau." – „Das wollen Sie sich mal anschauen."

An der Stelle merke ich schon, der Anrufer hat zwar das eine oder andere gehört oder gelesen. Aber keine rechte Vorstellung von dem, was ihn bei uns erwartet: „Ich weiß wirklich nicht, was ich davon halten soll. Es heißt, das wäre etwas ganz Eigenes." – „Etwas, das sich nicht beschreiben lässt. Das muss man erleben, erfühlen." – „Ja, aber ich habe gesehen, der …, der … und die … kommen auch – mit denen war ich doch schon reihenweise auf Veranstaltungen." – „Garantiert noch nie auf einer solchen." Meistens ist dann die Neugierde größer, und die Leute geben sich einen Ruck.

Wer dann erstmal den Weg zu uns gefunden hat, der kommt sehr häufig immer wieder. Dann fragen mich die Leute: Was ist das Erfolgsrezept? Aber das ist nicht so einfach zu beantworten. Mein Anspruch ist es, unseren Partnern, unserer Fensterbaufamilie zweimal im Jahr etwas zu bieten, was die Unternehmer und Führungskräfte so nirgends anders bekommen: keine technischen Normenvorträge, keine Verbandsregularien, keine Gewohnheiten.

Sondern etwas, was sie von den Socken haut. Nämlich Veranstaltungslocations, die zum Konzept passen, aber individuell sind – der Business Club der VOITH ARENA, der Happinger Hof in Oberbayern – mit stimmigen Caterings, Vorträge, wie sie so in unserer Branche noch nicht zu hören waren, aber auch zum Beispiel die Möglichkeit, sich mit Prominenten, die wir sonst nur aus dem Fernsehen kennen, auszutauschen. Und natürlich mit den Kolleginnen und Kollegen. Denn, machen wir uns nichts vor: Jeder Mensch, gerade wenn er unter Druck steht, Verantwortung und einen dicht gefüllten Terminkalender hat, braucht auch mal eine Auszeit. Und genau die bekommen die Teilnehmer von uns.

Aber eben nicht in dem Sinn, dass es nur ein Einfach mal was anderes-Sehen wäre. Nein, auf unseren Veranstaltungen wurden schon Schnittmengen offenbar, die zu langjährig erfolgreichen Geschäftsbeziehungen führten. Einfach weil die Menschen, wenn es ihnen gutgeht, auch empfänglicher für unterschiedliche Themen sind. Gleichzeitig ist die Zusammensetzung in unserem NETZWERK von großer Bedeutung. Denn gerade die Fensterbaupartner müssen auch die Gewissheit haben, dass

- man sich im NETZWERK auf Augenhöhe begegnet und hier keine Heerscharen von Außendienstlern rumturnen

- die Anteile von Kooperations- und Fensterbaupartnern ausgewogen sind und der entspannte Abend unter Gleichgesinnten kein Spießrutenlauf wird.

Das wird auch respektiert, und da haben wir auch ein Auge darauf. Dennoch und gerade deshalb bieten unsere Veranstaltungen ausgezeichnete Gelegenheiten, wirklich zwanglos miteinander ins Gespräch zu kommen. Warum sollen sich Unternehmer und Unternehmerinnen nicht auch mal und jenseits ihrer täglich zu leistenden Pensen etwas Gutes tun? Das kann zum einen, in der beschriebenen Gemengelage, durchaus gleichwohl auch geschäftlich Sinn machen und führt zum anderen dazu, dass sich wesentlich einfacher ein Austausch auf Augenhöhe entwickelt. So entsteht, einmal mehr, die Win-win-Situation, die dann auch wirklich für alle Seiten einen Gewinn darstellt. Dafür sind wir nun, in der beschriebenen Weiterentwicklung seit den noch anders gestalteten Anfängen, inzwischen wirklich tief in die Speakerbranche eingetaucht.

Inspiration und Austausch
auf Augenhöhe.

Um es vorwegzunehmen: Alles können und werden wir nicht mitmachen. Das hat auf der einen Seite etwas mit wirtschaftlicher Vernunft zu tun. Ich sage gleich noch ein paar Dinge zur Entwicklung der Kosten, aber nicht nur in Zusammenhang mit den verpflichteten Vortragsrednern. Sondern insbesondere weil im Zuge der Coronakrise da in vielerlei Hinsicht, begründet durch transparente Teuerung etwa beim Personal oder Profitgier, die Tarife explodiert sind. Auf der anderen Seite haben wir auch im Blick, dass es inhaltlich schon mehr sein sollte als reiner Klamauk.

Wie gesagt: Das Wichtigste ist mir, dass die Teilnehmerinnen und Teilnehmer positive Energie mit nach Hause nehmen. Und da ziehen wir uns auch etwas raus, etwa wenn alle die NETZWERK Schals nach oben halten, und wir gemeinsam die Stadionhymne des

FC Liverpool anstimmen: „You'll never walk alone". Ich möchte da exemplarisch an Sky Experte und Ex-Liverpool-Profi Erik Meijer mit seinem Programm „100% Meijer" erinnern. Ich denke, viel mehr an positiver Emotion kann man nicht rüberbringen in so einem Vortrag.

Abgesehen davon, dass er mit 45 Minuten eingeplant war und einfach mal 90 Minuten durchgezogen hat. Und das bei mir als Perfektionist, der alles auf die Minute plant. In zehn Jahren war das einmalig. Ich weiß noch genau, wie ich mich gefragt habe, ob ich dazwischengehen und abbrechen soll. Schließlich verzögerte sich alles, vom Essen bis zur Abreise für die, die noch nach Hause wollten. Ich habe mich schließlich dagegen entschieden. Es war auch für mich ganz persönlich ein Moment, den ich mitgenommen habe. Live zu sehen, wie die Teilnehmer – viele von ihnen gestandene Unternehmer – an Eriks Lippen hingen, als er wirklich einen echten Einblick zugelassen hat ins Leben als Fußballprofi, das war ein besonderes Erlebnis und hat mir wieder einmal gezeigt, dass es immer der Mensch ist, der den Unterschied macht.

Persönliche Momente, echte Einblicke.

Es ist aber auch so, dass ich keinen unserer Speaker im Normalfall über eine Agentur verpflichte. Mit fast allen habe ich vorher ausführlich gesprochen. Und die bekommen von mir auch ein deutliches Briefing in der Form, dass ich sage: Hört zu, da sitzen Unternehmer, die auch alle ihre Kunden einladen oder Kongresse veranstalten; Inhaber von Firmen, die selbst Events organisieren. Wenn Ihr richtig gut performt, dann besteht da eine gute Chance auf Folge-aufträge – an denen ich, nebenbei bemerkt, nichts verdiene.

Es haben ja schon einige Referenten, die zuerst bei den NETZWERK Veranstaltungen aufgetreten sind, bei weiteren Branchenterminen Station gemacht. Das ist natürlich okay, weil es ja bedeutet, dass wir mit unserer Wahl richtig lagen. Wie gesagt, wir wollen unsere NETZWERK Partner und die Besucherinnen und Besucher unserer Veranstaltungen einladen, sich für ein bis zwei Tage aus dem Markt zu verabschieden. Nicht in der Form, dass sie aufhören, Unternehmer bzw. unternehmensverantwortlich zu sein. Ganz ehrlich: Das ist bei den meisten ohnehin ein Ding der Unmöglichkeit. Sondern indem sie mal alle, manchmal ja schon auch zermürbenden, Alltagsthemen hinter sich lassen. Auf Empfang gehen, für Neues, für unsere Art der Begeisterung, für die volle Zukunftspower.

Denn, auch das ist mir wirklich ein Anliegen: Während anderswo schon Krisenmodus herrscht, der bis hierhin eigentlich fast nur mit mir unerklärlichen Kassandrarufen der Medien begründbar ist, bli-cken wir im NETZWERK optimistisch nach vorne. Nicht zuletzt nämlich im Wissen: Ja, es gibt natürlich immer etwas, das wir selbst tun können, um besser zu sein, schneller als der, der einen Schritt hin-ter mir ist. Und in dem Kontext spielen unsere Speaker, bei denen wir den gleichen hohen Anspruch anlegen wie bei der Wahl der Location, der Verpflegung usw., eine Hauptrolle. Wie gesagt, der Erik hat den NETZWERK PARTNERTAG 2020 gerockt, das muss man wirk-lich sagen. Es sind dann statt der eingeplanten 45 Minuten doch zwei Halbzeiten geworden. Was für ein Auftritt mit Standing Ovation.

Es gibt aber auch noch andere Aspekte, an denen sich ablesen lässt, dass auch die Zusammenarbeit mit Prominenten bei uns anders abläuft, als dies bei anderen Veranstaltungen der Fall ist. Siehe Aufenthaltsdauer, siehe Kontakte mit den Teilnehmerinnen und Teilnehmern: Auch das unterscheidet unsere Veranstaltungen für die Fensterbauerfamilie – ohne die absolut gleichberechtigten Themen wie Türen und Sonnenschutz außer Acht zu lassen – von anderen Events, bei denen die Starreferenten reinkommen, auf die Bühne gehen, ihr Programm abspulen, sich verabschieden.

Auch das ist etwas, was ich mit den gebuchten Speakern im Vorfeld bespreche. Dass es schön wäre, wenn der- oder diejenige vielleicht nicht erst fünf Minuten vorher da ist, sondern schon mal ein bisschen Witterung aufnimmt mit der Branche und vor allem zum Beispiel in der Pause danach für unsere Gäste noch ansprechbar ist und allenfalls für das eine oder andere Autogramm zur Verfügung steht. Mir fällt da immer noch der Auftritt des Extremsportlers und Musikers Joey Kelly ein. Der, ebenfalls in Heidenheim, von seinen zahlreichen außergewöhnlichen Erfahrungen im Ausdauerbereich und den Anfängen der Kelly Family auf der Straße berichtete.

Und der tatsächlich am gleichen Tag noch in Trier auf die Bühne musste, weil die Kelly Family dort ein Konzert spielte. Das war absolut eindrucksvoll zu erleben, wie er bis zuletzt die Teilnehmerinnen und Teilnehmer begeisterte, sich auch für Fotos und Smalltalks vor der Bühne zur Verfügung stellte, bis er dann schließlich, fast schon entschuldigend und weit nach dem eigentlichen Auftritt, sagte: „Du, Oli, ist das in Ordnung, wenn ich Euch jetzt verlasse?" Das sind besondere Erlebnisse mit besonderen Menschen, die eben keinen Standard bieten, wenn sie im NETZWERK, bei unseren in der Branche einzigartigen Veranstaltungen, vorbeischauen.

Natürlich muss auch bei uns am Ende die Kasse stimmen, schließlich wollen wir unseren NETZWERK Partnern, die für uns, für meine Frau Tanja, meinen Jüngsten Niklas, meinen Neffen Jannik und für mich, einfach das Wertvollste sind, weiterhin das Besondere anbieten. Ich erinnere mich noch gut an die Reaktionen aus der Branche, als beim NETZWERK PARTNERTAG 2020 die Referenten Dr. Oliver Haas, Joey Kelly und Erik Meijer waren und wirklich alle ausnahmslos eine begeisternde Vorstellung abgeliefert hatten. Da haben mir die Partner gesagt: „Oli, das wirst Du nicht mehr toppen können. Das war einfach das Maximum." Ich habe erwidert: „Lasst Euch überraschen und seid gewiss, dass wir das Niveau halten werden."

Wir haben bereits darüber berichtet, wie wichtig es für uns war, auch in der Corona-Pandemie ein starkes Signal auszusenden, dass wir als Türen- und Fensterbranche uns selbst in den trostlosen Zeiten des Lockdowns nicht ins Bockshorn jagen lassen wollen. Im Rückblick muss ich sagen, dass das auch für mich persönlich schwierige Wochen, Monate, dass es schwierige Entscheidungen waren. Ich hatte volle Auftragsbücher mit Coachingaktivitäten, die wir auch fast alle realisieren konnten. Aber für unsere Veranstaltungen waren viele neue Herausforderungen da.

Der eine oder andere mag sich noch erinnern, dass wir – nicht zuletzt auf Druck der Behörden, deren Inzidenz-Grenzwerte, über denen Veranstaltungen nicht zulässig waren, gerade in dieser Phase des Jahres 2021 keine lange Halbwertszeit hatten – schweren Herzens im Frühjahr den Partnertag in der Heidenheimer VOITH ARENA abgesagt haben. Der Ausweichtermin war im Juni und natürlich kam es, wie es kommen musste. Je näher die Veranstaltung rückte, der NETZWERK PARTNERTAG 2021, desto unklarer schien, was an Auflagen noch on top kommen würde. Die ganze Testerei, die Errichtung der Stage direkt vor der VIP-Haupttribüne der VOITH ARENA, Ausweichkonzepte und Sicherheitsvorkehrungen: Das alles kostet Geld. Aber es gab auch Positives, natürlich aus den Reihen unserer NETZWERK Partner. Da bekamen wir auch viele Nachrichten, die unserem Mut, die Veranstaltung stattfinden zu lassen, Respekt zollten. Einige haben mich persönlich angerufen und gesagt: „Oli, wir finden das wirklich toll, dass Ihr nicht klein beigebt. Wir unterstützen Euch, unsere Teilnahme ist sicher!"

Aber da waren auch Nächte dabei, in denen ich nicht so gut geschlafen habe. So wie im Jahr zuvor, als wir mit den NETZWERK FENSTERTAGEN ja auch die Einzigen waren, die nicht abgesagt hatten. Aus heutiger Sicht, und das möchte ich allen zurufen, die nicht wissen, wie sie in die Zukunft blicken sollen, sage ich ganz klar: Es war richtig, mutig zu sein und zu bleiben. Wir hatten fantastische Events, sowohl in Heidenheim mit dem NETZWERK PARTNERTAG mit den unvergesslichen Zimmerpartys im Hotelflur vom Schlosshotel Hellenstein wie früher im Schullandheim als auch in Rosenheim, wo wir seither unsere Veranstaltung ebenso fest in den Kalendern der Branche etabliert haben. Aber alles natürlich auch mit der Unterstützung unserer Partner in dieser großartigen Fensterbaufamilie.

Ja, und da wollen wir auch in Zukunft immer noch einen draufsetzen. Einfach weil das unser eigener Anspruch ist und wir uns auch für unsere Kooperations- und Fensterbaupartner nicht mit weniger zufriedengeben wollen. Und da kann es sein, dass wir irgendwo an den Punkt kommen, wo wir neue Mittel generieren und zum Beispiel auch von unseren Verarbeitern im NETZWERK einen Obolus für die Teilnahme an allen unseren Veranstaltungen einfordern müssen.

Wie gesagt, letztlich müssen auch wir den gestiegenen Mehraufwendungen für die in Anspruch genommenen Leistungen der Caterer, bei der Eventtechnik usw. Rechnung tragen. Deshalb ist es mir besonders wichtig, darauf hinzuweisen, dass wir in zehn Jahren NETZWERK noch nicht einmal die Beiträge erhöht haben. Es ist eben alles ein Geben und Nehmen, und ich weiß natürlich auch das Vertrauen unserer Partner, das diese nicht zuletzt in den Coachingaufträgen zum Ausdruck bringen, zu schätzen. Ich glaube, dass die Idee von unserem NETZWERK als Business Plattform zum Netzwerken, Genießen und um alle Partner voranzubringen – dass diese Idee noch riesiges Potenzial hat.

> „Ich bin überzeugt, dass Netzwerken ein entscheidender Baustein für eine erfolgreiche Unternehmensentwicklung ist. Das schlüssige Gesamtkonzept und die Möglichkeiten, die uns der Branchenkenner Oliver Frey als Fensterbaupartner im NETZWERK bietet, werden wir für unsere Unternehmensstrategie positiv nutzen."
>
> Thomas Braschel
> Geschäftsführer Gaulhofer Industrie-Holding GmbH

Schließlich sind auch in vielen Branchenunternehmen mittlerweile die Vertreterinnen und Vertreter der Next Generation mit ihren ganz eigenen Vorstellungen und Plänen am Start. Ob schon komplett in

Alleinverantwortung oder als Teil des Management Teams, um zu lernen, aber genauso um mit eigenen Ideen die Dinge in Bewegung zu bringen.

Ich bin persönlich sehr froh darüber, dass mit Niklas und Jannik auch wir im NETZWERK Verstärkung aus dieser Generation haben. Dabei erlebe ich hautnah, inwiefern die beiden schon heute ihre Sichtweisen und, bei Themen wie Social Media und Ähnlichem, ihr Know-how einbringen. Auch das ist ein Geben und Nehmen. Weder sind wir Ältere, die wir in der Türen- und Fensterbranche schon einiges an Erfahrung haben, gefeit davor, dazuzulernen – und sollten von der Chance am besten möglichst oft Gebrauch machen. Noch würde ich den Jungen empfehlen, nicht auch von den Erfahrungen anderer zu profitieren.

Ich habe mir, als ich in die Branche kam, meine Kollegen im Außendienst, von denen viele ein gutes Stück älter waren, immer genau angesehen. Da gab es, während meiner Jahre in der Industrie, drei Gruppen:

1. diejenigen, von denen ich eigentlich nichts lernen wollte, weil ich das Gefühl hatte, die machen Dienst nach Vorschrift

2. die Kollegen (die waren tatsächlich weitestgehend männlich), die sich nicht in die Karten schauen lassen wollten

3. und jene, die grundsätzlich offen für den Austausch waren.

Mit der ersten Gruppe hatte ich Probleme. Denn das waren (ich habe mir sagen lassen, sie sind nicht ausgestorben) großenteils

Leute, die um ihre Defizite wussten. Im Kern hatten sie immer die zu geringe Bereitschaft gemeinsam, selbst aus ihrer Komfortzone zu kommen. Leider sind das oft auch die, deshalb „Probleme", die aus gutem Grund Jüngere nicht hochkommen lassen wollen. Es geht ihnen nie um die Firma oder den Kunden, sondern immer nur darum, sich gegen ein Eindringen in ihre Komfortzone verteidigen zu müssen. Sie agieren aus einer Position der Schwäche.

Gruppe zwei beinhaltet häufig gute Vertriebsmitarbeiter, die Ziele verfolgen, denen es aber an Offenheit gebricht. Dabei geht es nicht darum, die eigenen Vorteile preiszugeben und sich zu schwächen. Genau das Gegenteil ist der Fall. Unser aller Lebenszeit ist begrenzt. Wenn Sie zu den Menschen gehören, die ihr Zeitbudget nicht in erster Linie mit der Erwartungshaltung kalkulieren, an Priorität eins möglichst viel von der oft zitierten Bucket List zu schaffen (oft mit konsumtiven Dingen wie diesem oder jenem Auto, der Reise nach Dubai, der Finca auf Malle), sondern Ihr Unternehmen voranbringen möchten, dann benötigen Sie den Austausch mit anderen. Nach dem Motto: Man muss nicht nur nicht jeden Fehler selbst begehen, um daraus lernen zu können. Auch in positiver Hinsicht befruchten uns Impulse von außen, etwa zu Kundengewohnheiten, Abläufen im eigenen Haus usw.

Davon keinen Gebrauch zu machen und auch selbst nicht offen zu sein für Fragen anderer, ist letztlich auch nicht smart. Ich habe vom ersten Tag meiner beruflichen Laufbahn an zur dritten Gruppe gehört. Mein Bruder Karsten und ich sind als Halbwaisen mit einer nicht so behüteten Kindheit großgeworden. Das hat, wie alles im Leben, Vor- und Nachteile.

Zu dem, was mich immer angetrieben hat, gehörte ganz klar der Hunger nach sozialem Aufstieg. Ich hatte Ziele, Träume und die Bereitschaft, diese auch zu verwirklichen. Ich habe beschrieben, dass das gerade im Vertrieb bedeutet, ausgetretene Pfade zu verlassen, auch mal ein (kalkuliertes) Risiko durch verbindliche Zusagen einzugehen und somit immer mehr zu machen als das Übliche, der so genannte Standard. Das schließt insbesondere auch die Erkenntnis ein, dass wir – wenn wir erfolgreich bleiben wollen – es uns nie leisten können, uns auf den Lorbeeren auszuruhen. Uns mit weniger zufrieden zu geben: Selbst wenn es in einem Jahr mal weniger Umsatz ist und womöglich sein soll, dann aber nicht weniger Ideen, weniger Bewegung.

Ziele, Träume und die Bereitschaft, diese zu verwirklichen.

Und um in Bewegung zu bleiben, da können andere uns helfen. Das können Freunde sein, wobei meine Familie und ich mit diesem Begriff zurückhaltend, um nicht zu sagen sparsam umgehen. Vor allem aber können es andere Unternehmer, Kolleginnen und Kollegen, Bekannte in der Branche sein, die ebenfalls und für sich erkannt haben, dass jeder Dialog auf Augenhöhe, jeder Austausch unter Gleichgesinnten für sich genommen wertvoll ist; vorausgesetzt, mein Gegenüber hat auch was zu sagen und will nicht nur an dem partizipieren, was andere sagen. Und das ist genau die dominierende Haltung in unserer Fensterbaufamilie. Deshalb, bei aller Vorsicht, darf ich sagen, dass die Zahl derjenigen, die in dieser Konstellation für sich keinen Wert erkannt haben und nicht mehr im NETZWERK sind, sehr, sehr klein ist.

Energie gehört zu den Dingen, die nicht kleiner werden, wenn man sie teilt. Diese auch immer wieder anzufachen, mit neuen, starken Impulsen am Leben zu halten und den Rahmen dafür zu erzeugen, dass alle diese NETZWERK Partner die Voraussetzung dafür vorfinden, sich zu öffnen, zuzuhören und einfach eine gute Zeit zu haben, das habe ich mir mit meiner Familie zur Aufgabe gemacht. Weil ich auch selbst, in meiner aktiven Vertriebszeit, vom Austausch mit anderen, nicht zuletzt natürlich auch mit den Kunden, profitiert habe – und immer offen war.

Kontakte pflegen und eine kleine Auszeit genießen, ist auch das Motto einer weiteren Veranstaltung von uns. Mit unserem traditionellen NETZWERK Golfevent & Informationstag unterstützen wir seit vielen Jahren die Organisation Drachenkinder von Radio 7, die sich für kranke, behinderte sowie traumatisierte Kinder und Jugendliche aus unserer Heimatregion einsetzen. Zusammen mit unseren Kooperationspartnern Roto in den Anfangsjahren und 3E Datentechnik sowie GUTMANN Bausysteme bei den letzten Events bieten wir unseren gemeinsamen Kunden eine optimale Möglichkeit, Sport und Informationsaustausch auf Augenhöhe zu verwirklichen. Eine Veranstaltung zum Gedankentanken und zum Akkuaufladen für das Tagesgeschäft der Unternehmer und Führungskräfte. Die wohltätige Organisation Drachenkinder von Radio 7 liegt uns sehr am Herzen und das unterstützen wir zusammen mit unserer NETZWERK Fensterbaufamilie sehr gerne.

Diese Kultur, die wir im NETZWERK leben, die haben auch Niklas und Jannik verinnerlicht und bringen sich schon heute mit ihren frischen Ideen ein. Und da liegt, wie gesagt, noch eine Menge vor uns. Denn tatsächlich sind gerade in jüngerer Vergangenheit immer wieder Anfragen anderer Gewerke und auch von Branchen abseits des Baus an uns herangetragen worden. Stand heute haben wir in unserer Türen- und Fensterbranche noch genügend Potenzial, um uns weiterzuentwickeln. Wobei ich auch immer gesagt habe, eingedenk dessen, was unsere Philosophie ist – Offenheit, positive Energie, ausgetretene Pfade zu verlassen – dass auch ganz sicher nicht jeder zu uns passt.

Doch gibt es durchaus noch Unternehmen, die uns als NETZWERK Partner gut zu Gesicht stehen würden, da will ich gar kein Hehl daraus machen. Aber wer weiß, vielleicht streckt eben die nächste Generation beizeiten ihre Fühler dann auch in eine ganz neue Richtung aus. Bis dahin halten wir, im besten NETZWERK Sinn, Augen und Ohren offen, wie ich es mir immer schon zur Aufgabe gemacht habe. Die Welt dreht sich weiter. Und ich möchte für unsere Kooperations- und Fensterbaupartner keine Möglichkeit außer Acht lassen, um Neues aufzunehmen, aus dem sich für sie womöglich Vorteile generieren lassen. Sei es, was das Programm der nächsten Veranstaltungen angeht, für das wir uns laufend mit neuen Ideen auseinandersetzen. Sei es für die Impulse, die wir über unsere Unternehmer-, Mitarbeiter- und Vertriebscoachings in die Firmen tragen und von denen viele in der Türen- und Fensterbranche erfolgreich adaptiert wurden. Dazu kommen Aktivitäten wie die bereits angesprochene, für viele immer drängender werdende Mitarbeitersuche oder die Begleitung von zum Beispiel Übergabeprozessen. Denn auch hier sage ich: Vorsicht, diese Themen hängen bisweilen enger zusammen, als es den Anschein hat.

Als Mitarbeitender weiß ich schon gerne, wie die Perspektive für mein Unternehmen aussieht. Deshalb kann es ganz bestimmt ratsam sein, Übergabeprozesse geordnet und mit Vorlauf anzustoßen. Es ist sonst auch für die Führungskräfte aus der nächsten Generation schwierig, sich in die neue Rolle einzufinden. Wir dürfen bei alldem nicht vergessen, dass heute gerade auch für jüngere Menschen Themen wie Sicherheit (des Arbeitsplatzes) und eine möglichst langfristige Planungssicherheit hohe Bedeutung haben. Das gilt es zu respektieren und insbesondere, im Sinne gemeinsamer Unternehmensziele, zu nutzen.

„Herr Frey hat gerade mir als Unternehmensnachfolger mit seiner Erfahrung sowie Kompetenz extrem weitergeholfen. Das individuelle Coaching war für mich ein ganz wichtiger Prozess und im profitablen Ergebnis sowie in der Umsetzung perfekt für unser Unternehmen ausgerichtet. Das NETZWERK und seine Kontakte helfen uns auf jeden Fall immer weiter."
Peter Rieser
Geschäftsführer Rieser GmbH

Nehmen Sie Ihre Mitarbeiterinnen und Mitarbeiter mit, indem Sie sie, wo es sinnvoll ist, in die Kommunikation dessen, was in der Firma passiert, einbeziehen. Damit machen Sie sie zu Mutarbeiterinnen und Mutarbeitern. Weil sie dann wissen, in welche Richtung es geht.

„Nehmen Sie Ihre Ziele eine Nummer größer" – auf diesen Vortragstitel, der zu unserer Botschaft wunderbar passt, habe ich mich im Vorfeld des NETZWERK PARTNERTAGS 2022 mit der viermaligen Weltschiedsrichterin Bibiana Steinhaus-Webb geeinigt, die mit ihrem ehemaligen englischen Schiedsrichterkollegen Howard Webb verheiratet ist. Was ist damit gemeint? Kommunizieren Sie Ihre Ziele im Unternehmen, geben Sie den Mitarbeiterinnen und Mitarbeitern

Einblick in Entscheidungsprozesse und gehen Sie wichtige Themen an, statt sie auf die lange Bank zu schieben. Dann sorgen Sie für Transparenz und führen Ihr Unternehmen planvoll in die Zukunft, statt an vielen Tagen Getriebener von externen Einflüssen und Störfaktoren zu sein, auf die Sie immer nur reagieren und die nicht selten damit zu tun haben, dass Dinge nicht klar definiert wurden. Damit kennt jeder Mitarbeiter die Richtung und weiß um seine Aufgabe.

Nehmen Sie Ihre Ziele eine Nummer größer.

Das hat auch Bibiana Steinhaus-Webb mit klarer Kommunikation und nachvollziehbarer Führung auf den Platz gebracht und unsere Teilnehmerinnen und Teilnehmer am NETZWERK PARTNERTAG mit Einblicken hinter die Kulissen begeistert. Das ist auch der Grund, warum wir nicht einfach nur einen Showact oder Komiker verpflichten. Ja, die Unternehmerinnen und Unternehmer sollen eine gute, eine wunderbare Zeit haben bei unseren mit viel Herzblut konzeptionierten NETZWERK Veranstaltungen. Aber wir haben gleichzeitig den Anspruch, Ihnen Impulse mitzugeben. Nicht in der Form, dass wir auf technische Inhalte oder Vortragsthemen à la „Wie räume ich meinen Schreibtisch auf?" setzen. Sondern in der Form wie das Bibiana Steinhaus-Webb getan hat, mit persönlichen, ehrlichen Einblicken in eine Erfahrungswelt, die zeigt, dass bestimmte Rezepte wie Kommunikation, Klarheit, proaktive Herangehensweise in vielen Bereichen funktionieren.

Natürlich kann man die Speaker nicht über einen Kamm scheren. Jeder Mensch tickt anders. Nicht jeder ist der, der sich dann noch einen halben Tag unters Volk mischt. Der bis heute einzige Referent, den ich zweimal gebucht habe, macht das nicht. Genetiker Univ. Prof. Mag. Dr. Markus Hengstschläger passt auch sonst in kein Schema. An das Erstgespräch kann ich mich auch hier noch gut erinnern. Denn Österreichs bekanntester Forscher zu Fragen der Humangenetik, der unter anderem an der Yale University in den USA wirkte, war zunächst angetan davon, dass unsere NETZWERK FENSTERTAGE 2021 in Rosenheim stattfanden. Zuvor war er bereits einer der Top Acts auf dem NETZWERK PARTNERTAG 2019 in Heidenheim gewesen – und annähernd in letzter Minute erschienen. Ich hatte ihn selbst bei einer Veranstaltung gehört, ihn direkt angesprochen – er hatte zugesagt. Ich weiß noch, dass ich erwiderte: „Aber Herr Prof. Hengstschläger, wir haben noch gar nicht über Konditionen gesprochen." Man muss dazu sagen, dass das ausgesprochen unüblich ist, die Redner direkt an der Bühne persönlich zu kontaktieren. Das fand er auch. Aber er sagte nur: „Ja mei, ich sog Ihnen, wos ich brauch', und da werden wir uns schon einig."

Wie gesagt, Rosenheim kam ihm entgegen, wegen der Nähe zur österreichischen Heimat. Prof. Hengstschläger reiste am Tag vorher an, übernachtete in der Nähe. Als er eine Stunde vor dem geplanten Auftritt noch nicht da war, schaute ich regelmäßiger auf meine Uhr. Nichts. Auch 30 Minuten vorher noch nicht. So wenig wie 20 Minuten vorher. Ich hatte mir vorgenommen, ruhig zu bleiben, beschäftigte mich im Kopf aber nun erneut mit Exit Szenarien. 10 Minuten vor seinem Auftritt, bei dem er über eine angeborene oder eben anerzogene, schlechterenfalls auch aberzogene Lösungsbegabung sprechen sollte – keine Spur von unserem wissenschaftlich hochdekorierten, rhetorisch brillanten Keynote Speaker.

Der spazierte, beinahe auf die Minute ident wie in Heidenheim, kurz vor Toresschluss ohne Anzeichen von Hektik zum Check-in bei meiner Frau Tanja und sagte: „Jo, gnä' Frau, sogn'Sie, hätten Sie a Haferl Kaffee für mich?" Aber was er dann, zwei Minuten später auf der Bühne, zu all den Unsinnigkeiten der Erziehung in Schule und Elternhaus sagte, ließ unsere NETZWERK Partner großenteils mit offenen Mündern dasitzen. Es geht also in unseren Veranstaltungskonzepten um mehr als bloße Zerstreuung. Vielmehr versuche ich mein Credo, öfter mal vom ausgetretenen Pfad abzuweichen, auf die Auswahl unserer Speaker zu übertragen. Wie gesagt, es gibt auch Grenzen. Nämlich dann, wenn es in die deutlich fünfstelligen Honorare hineingeht.

**Erfolg gibt es
nicht zum Nulltarif.**

Dafür trachten wir auch beim Flair, bei der Verköstigung nach dem Besonderen. In unsere Lounge ziehen sich die Teilnehmerinnen und Teilnehmer am NETZWERK PARTNERTAG zurück, wenn sie wirklich ungestört sein wollen, für ein Telefonat oder eben ein Gespräch mit anderen Partnern aus dem NETZWERK. Und, das möchte ich auch nicht unerwähnt lassen, wir waren die ersten Veranstalter in der Branche, bei denen die Gäste nicht am Buffet anstehen mussten, sondern unser Flying Dinner genießen konnten. Getreu meiner Vorgabe an mich, an uns: „Ihr genießt, wir kümmern uns um den Rest." Es ist für meine Frau Tanja und mich ein wunderbares Geschenk, wenn wir dann mitbekommen, dass die Menschen, für die wir uns das Konzept überlegen, dies auch wertschätzen.

Ganz ehrlich, das ist es auch, das mich motiviert, noch besser zu werden. Ich habe ohnehin ein Problem damit, dass ich manchmal das Gefühl habe, dass wir uns immer schneller zufriedengeben. Ich kann damit nichts anfangen. Denn für mich wäre nur das eine schlimm: Mir irgendwann eingestehen zu müssen, ich hätte nicht alles versucht. Jeder ist seines Glückes Schmied. Aber Erfolg gibt es nicht zum Nulltarif. Und so fahren wir, genauso wie hoffentlich unsere NETZWERK Partner, voller positiver Energie nach Hause. Und im Hintergrund lief schon vorher, vor der Anreise, teilweise weit davor, die Planung für die Folgeveranstaltung(en).

Von Christian Lindemann, dem einzigen deutschen Cirque du Soleil-Weltstar und „King of Pickpockets" – ebenfalls von mir verpflichtet, für unseren Wahnsinnsevent im Coronajahr beim NETZWERK PARTNERTAG 2021 im Juni auf der eigens für uns errichteten Stage vor der Tribüne in der Heidenheimer VOITH ARENA – stammt das Buch „Souverän auf den Bühnen des Lebens", das ich übrigens nur empfehlen kann. Ein Stück weit stimmt dieser Titel auch für mich. Über den Kontakt zu im Lauf der Jahre vielen bekannten, teils berühmten Speakern und als Veranstalter habe ich einen Eindruck vom Showgeschäft bekommen, von einer Welt, die von dem Umfeld, in das ich hineingeboren wurde, maximal weit weg ist.

Keinesfalls habe ich vergessen, wo ich herkomme. Und das wird mir auch nie passieren, satt zu sein, mich zurückzulehnen. Dazu habe ich zu hart dafür gearbeitet, die bescheidenen Verhältnisse meiner Kindheit hinter mir zu lassen. Biografien wie die der Kellys oder von Christian Lindemann, der auch auf der Straße begann, zeigen, was möglich ist. Aber dazu muss man sich auch selbst fordern.

Für mich war das der bestmögliche Weg, den ich gehen konnte, verbunden seit meiner Selbstständigkeit mit der Chance, wirklich eigene Entscheidungen zu treffen. Dafür bin ich jeden Tag dankbar. Und das ist auch mein Antrieb, meinen Kunden in unserem NETZWERK, ob Kooperations- oder Fensterbaupartner, wirklich Mehrwert zu bieten.

Für mich stand der berufliche Erfolg immer an eins. Aber, und das ist genauso wichtig wie dieser Wille: Ich liebe auch, was ich tue. Ich könnte mir gar nichts Schöneres vorstellen. Es heißt ja gerne: Den Tüchtigen hilft das Glück. Ist es wirklich „nur" Glück? Ich bin kein Esoteriker. Aber ich habe in meinem Leben sehr häufig zur richtigen Zeit die richtigen Menschen getroffen. Das war mit Uwe Pieper so, der mich zu KBE holte, mit Manfred Seitz. Aber auch privat: Wie ich meine Frau Tanja kennengelernt habe, das ist für mich kein Zufall.

Für die Fensterbaufamilie bin ich 24/7 da.

Ich denke, es ist eine Fügung, dass sich zwei Menschen treffen, die dann zueinanderfinden und einen Teil ihres Weges gemeinsam gehen. Viele unserer Partner gehen in meinem NETZWERK schon von Beginn an diesen Weg mit uns. Dass das für mich ein Geschenk, aber auch Verpflichtung ist, ist keine Floskel. Wenn es wichtig ist, dann bin ich 24/7 für meine Kunden da, egal ob im Urlaub oder am Abend. Natürlich vertraue ich darauf, dass keiner um halb zehn sagt, mir ist langweilig – jetzt ruf ich mal den Frey an. Aber wenn's zählt, sind wir da. Das ist für mich Partnerschaft, und darauf können sich meine Partner auch verlassen. Ich spreche nicht umsonst von der Fensterbaufamilie.

Worauf kommt es an, wenn ich heute in der Türen- und Fensterbranche oder darüber hinaus, im Vertrieb oder an anderer Stelle, Erfolg haben will. Wir haben einige Faktoren genannt: Seine Hausaufgaben zu machen und vorbereitet zu sein, ist wichtig. Ebenso, aus der Komfortzone herauszukommen, bereit zu sein, mehr als Standard anzubieten. Ich habe immer versucht, die Chancen zu sehen, und versucht, diese mit positiver Energie zu nutzen. Aber, und das will ich auch nicht verhehlen, wir müssen auch über Disziplin sprechen. Den inneren Schweinehund täglich neu zu überwinden, das bedeutet auch, sich zunächst einmal einzugestehen, wo die Bequemlichkeit lauert und woran sie mich hindert. Die ist nämlich sehr, sehr hartnäckig und will manchmal Stück für Stück zurückgedrängt werden, um die eigentliche Energie zurückzugewinnen.

Das kann man üben, auch wenn es eigenartig klingt. Wir alle brauchen auch unsere Auszeiten und die sollten wir ganz bewusst genießen. Aber vorher gilt es, den Weg bis zum Ende zu gehen. Und das heißt manchmal auch, dorthin zu gehen, wo's wehtut. Weil der Feierabend wartet oder Ähnliches. Am Ende lohnt es sich immer. Diese Botschaft vermittele ich den Mitarbeiterinnen und Mitarbeitern auch in unseren Coachings. Aber nicht minder eben auch den Chefs, wenn es darum geht, das Team am gemeinsam errungenen Erfolg zu beteiligen. Jeder Mensch, zumal wenn er bereit ist, sinnvolle Veränderungen in Angriff zu nehmen, möchte in der Form auch irgendwann einmal Ergebnisse sehen, dass er danach sagen kann: Das ist für mich ganz persönlich ein Payback. Da kann man auch am falschen Ende sparen, auch wenn am Ende alles in die Zeit und ins Gesamtgefüge des Betriebs passen muss.

Aber wenn wir über Leistungsbereitschaft sprechen, dann muss der, der sie zeigt, am Ende auch was davon haben. Davon bin ich überzeugt. Dann lehnen sich die Leute auch nicht so früh selbstzufrieden zurück. Wer gesehen hat, wozu er imstande ist, und dass es Spaß macht, davon zu profitieren, in dem wecke ich wieder den Hunger. Und das sage ich oft zu meinen Auftraggebern: Diesen oder jenen bzw. diese oder jene aus Eurem Team, den/die habe ich wachgeküsst. Und dann kommt das dazu, was man als Gruppendynamik bezeichnet. Denn, ganz wichtig: Positive Energie ist ansteckend, negative leider auch. Als Unternehmer ist es unsere Aufgabe, das große Ganze im Blick zu haben, klar. Also: Es gibt jemand in unserem Team, der aus seinem Dornröschenschlaf erwacht, der für sich erkennt, dass er Hunger hat auf mehr, dass er höhere Erwartungen ans Leben und an seine berufliche Tätigkeit hat. Was machen wir mit ihm? Ganz klar, wir versuchen, diese Zielsetzung so gut wie irgend möglich zu stärken und der Mitarbeiterin oder dem Mitarbeiter zu zeigen, dass wir diese intrinsische Motivation wertschätzen und bereit sind, ihn am Erfolg zu beteiligen. Alles andere wäre nicht nur kein Fairplay, es wäre unternehmerisch fragwürdig.

> **Positive Energie**
>
> **ist ansteckend.**

Und das Gegenteil? Gibt es auch. Es gibt Leute, in vielen Teams, in vielen Betrieben, bei denen das Glas immer halb leer ist. Und da muss man aufpassen, als Verantwortlicher, diese beiden Typen auf keinen Fall gleichzusetzen bzw. und noch schlimmer – sie zu verwechseln. Das gibt es, weil manchmal Beschäftigte aufgrund ihrer langjährigen Betriebszugehörigkeit einen Sonderstatus für sich beanspruchen und bisweilen auch zugestanden bekommen haben. Das habe sich eben so eingeschliffen, heißt es dann.

Und da ist der Unternehmer genauso gefordert, sich aus der Bequemlichkeit zu lösen. Anderenfalls besteht nämlich nicht nur die Gefahr, dass Privilegien als selbstverständlich hingenommen und irgendwann sogar für sich reklamiert werden. Oft führt das sogar paradoxerweise dazu, dass Kolleginnen und Kollegen, die von diesen Sonderrechten profitieren, ohne dass es dafür einen sachlichen Grund geben würde, dies nicht etwa mit besonderer Einsatzbereitschaft zurückzahlen würden – oder indem sie andere zu Höchstleistungen anspornten. Vielfach ist das Gegenteil der Fall, und die, die unter den komfortabelsten Bedingungen arbeiten, sind dann auch noch die, die schlechte Stimmung verbreiten.

Das ist schädlich für das Betriebsklima und entspricht der Pervertierung des Leistungsprinzips. Hier muss ich als Unternehmer einschreiten und, zum Beispiel auch, wenn die Sonderstellung noch von meinem Vorgänger stammen sollte, Hand anlegen. Zusätzlich zeige ich der Person die gelbe Karte und mache unmissverständlich klar, welche Chancen es für leistungswillige Mitarbeiterinnen und Mitarbeiter gibt – und was ich als Chef erwarte. Was nach Gelb kommt, ist auch klar.

Unternehmer zu sein, Führungskultur zu implementieren, bedeutet nicht nur Schulterklopfen. Richtiges muss immer richtig sein, Schädliches ebenso als solches erkannt und gekennzeichnet werden.

Auch die Partner in unserem NETZWERK stehen vor Herausforderungen in ihren Betrieben. Wir unterstützen sie dabei nicht nur in unseren Coachings, sondern schaffen mit unseren Veranstaltungen auch den idealen Rahmen, damit zwischen den Verantwortungsträgern in der Türen- und Fensterbranche neben Geschäften, die angebahnt werden, ein Austausch auf Augenhöhe stattfinden kann.

VIII. Der Mensch Oliver Frey Teil 1

Persönliche Fragen und ganz intime Antworten zu seiner Denke und seinem Seelenleben:

Was war Ihr größter Moment in Ihrem bisherigen Leben?

Ich hatte viele prägende Momente, wie die Geburt meiner drei Kinder, meine berufliche Karriere mit fantastischen Persönlichkeiten, die mich begleitet haben, die Begegnung mit meiner Tani und natürlich der Schritt in die Selbstständigkeit mit meinem Herzblutprojekt NETZWERK.

Haben Sie noch Zeit für Hobbys und für was brennt Ihre Leidenschaft?

Ich habe ein sehr gutes Zeitmanagement und die dadurch entstehenden Freiräume nutze ich zum Reisen, Golf- und Tennisspielen, gerne auch Cabriofahren, zu gutem Essen mit dem passenden Wein sowie als Fan von meinem Herzensclub, dem VfB Stuttgart. Vieles davon zusammen mit meiner Frau Tanja. Sie spürt auch ganz genau, wann ich wieder mal eine Auszeit brauche. Körperlich fit halte ich mich mit Treppenrunning, mein persönliches Power-Programm, das ich mehrmals pro Woche absolviere.

Wo tanken Sie Kraft für Ihr Arbeitspensum und die beruflichen Herausforderungen als Unternehmer?

Bei unseren gemeinsamen Reisen, egal ob in Deutschland, Europa oder auch in ferne Länder. Gerade über die ruhigen Weihnachtstage zum Jahresabschluss bis Mitte Januar geben wir uns die Chance, über mehrere Wochen zu verreisen.

Gibt es da ein Lieblingsland oder ein festes Reiseziel?

Für mich ist das Südafrika und dort speziell die ganze Kap-Region, inklusive der Weinregion rund um Kapstadt. Dieses Land gibt mir so viel Inspiration und Energie, wie bisher keine andere Station auf unseren Reisen rund um den Globus. Für mein Buchprojekt habe ich die letzten entscheidenden Wochen dort verbracht und es war einfach wunderbar, diesen Spirit dort aufzusaugen und den gesamten Inhalt niederzuschreiben.

Gibt es Menschen, denen Sie danke sagen möchten?

Ja, allen, die an mich geglaubt haben. Auch Horst und Ute, die Eltern meiner ersten Frau Elke, die Mutter von Marco und Franziska. Sie haben mich als jungen Kerl mit gerade mal 14 Jahren in ihre Familie aufgenommen und mir ein Stück Heimat gegeben, das ich vorher so nicht kannte. Aber auch allen Weggefährten auf meinem langen Weg in meiner beruflichen Laufbahn sowie meinen wenigen privaten Freunden. Natürlich auch Elke, meiner ersten Frau, die unsere beiden Kinder liebevoll und behütet erzogen hat. Selbstverständlich auch meiner ehemaligen Lebensgefährtin Katja, der Mutter von Niklas, mit der ich zehn Jahre zusammen war und die in der Erziehung von unserem Sohn sehr viel richtig gemacht hat. Ja und dann meiner Tanja, die im Patchwork über viele Jahre den Familienzusammenhalt perfekt gemanagt hat und mir sehr viel abgenommen hat, damit ich mich meiner beruflichen Leidenschaft widmen konnte.

Welche Bedeutung hat Ihre Frau Tanja an Ihrem heutigen Erfolg?

Tani, wie ich Sie nenne, ist die Liebe meines Lebens. Ohne sie wäre ich niemals so erfolgreich mit meinem NETZWERK. Sie ist alles für mich und muss immer wieder auf mich verzichten, wenn meine NETZWERK Projekte rufen. Sie gibt mir Halt und ist meine ganz persönliche Sparringspartnerin im Leben. Wir lachen viel und genießen auch die Zeit zu zweit. Gemeinsame Hobbys und Interessen sowie ihre offene Art tun mir gut und jeder, der sie kennt, weiß genau, was ich damit ausdrücken will. Eine wunderbare Frau mit großem Herz und positiver Ausstrahlung.

Was war Ihre größte Niederlage im Leben?

Schwierig zu sagen, aber vielleicht, dass ich mich bei einigen Menschen, die mir sehr nahe standen, in ihrer charakterlichen Entwicklung sehr getäuscht habe und sie mir den Rücken zugewandt haben, als es darauf angekommen wäre, mir Vertrauen zu schenken.

Was war Ihr größter persönlicher Sieg?

Ganz ehrlich, dass ich von meiner Frau Tani bei unserem Kennenlernen im Februar 2006 angesprochen wurde, tatsächlich beim Weiberfasching in Aalen, als ich mit einem damaligen Kunden verabredet war, der dann aber aus beruflichen Gründen kurzfristig am Abend nicht kommen konnte. Ein absoluter Glücksfall für mich und mein größter Sieg in meinem Leben! Deshalb glaube ich auch nicht an Zufälle im Leben, sondern dass es vorbestimmt ist, wann und ob sich Menschen zur richtigen Zeit begegnen. Meine Frau hat mir vor kurzem eine Karte zum Geburtstag geschrieben. Darauf stand: „Für meinen Lieblingsmensch". Deshalb ganz klar mein größter Sieg – meine Tani, Jackpot!

Und beruflich Ihr größter Erfolg?

Ohne Wenn und Aber die Gründung von meinem NETZWERK und die positive sowie erfolgreiche Entwicklung bis heute.

Was war bisher Ihre größte berufliche Herausforderung?

Unsere sechs großen sehr erfolgreichen NETZWERK Veranstaltungen vom Frühjahr 2020 bis zum Frühjahr 2022 mit den Partnertagen in Heidenheim, den Fenstertagen in Rosenheim und zwei Golfturnieren in der Zeit der gesamten Corona-Pandemie in Deutschland. Dort haben wir völlig neue Veranstaltungskonzepte entwickelt und in unserer Branche die einzigen Großveranstaltungen sicher für alle Teilnehmer durchgeführt. Eine wahnsinnige Verantwortung und richtige Herausforderung für uns als Einzelunternehmen.

IX. Best of Coaching

Erfolg ist übertragbar. Es macht mich stolz, dass wir mit 100 Coachingtagen im Jahr den Beweis antreten. Dabei will ich um zwei Dinge nicht herumreden:

Am Ende sprechen wir über eine, in vielen Fällen sogar klare, Steigerung der Betriebsergebnisse. Meine Kunden und NETZWERK Partner wissen, was sie erwarten können. Ein Unternehmen ist nicht besser geworden, wenn es sein Ergebnis nicht gesteigert hat. Alles andere ist Augenwischerei.

Die Bereitschaft zur Veränderung – dazu, ausgetretene Pfade zu verlassen – ist die eine Erfolgsvoraussetzung, ohne die es nicht geht. Ich setze das voraus, denn ansonsten verschwende ich meine Zeit und das Geld des Kunden. Ich gehe davon aus, der Unternehmer hätte mich nicht beauftragt, wenn alles beim Alten bleiben sollte. Sage aber auch den Mitarbeiterinnen und Mitarbeitern: Ohne diese Veränderungsbereitschaft wird es schwierig.

Den Erfolg unserer gemeinsamen Arbeit mit über die Jahre Dutzenden wunderbarer Unternehmen möchte ich im Folgenden in einigen Beispielen illustrieren. Denn „Best of Coaching" beinhaltet immer den Anspruch, das Beste für meine Kunden zu erreichen.

Case Study 1: Sei selbstbewusst, gewinne neue Kunden

Es ist ein Tabu im Vertrieb. Aber nicht wegzudiskutieren: Selbstzweifel und Ängste, gelegentlich in Verbindung mit einem Schuss Bequemlichkeit, führen dazu, dass die Neukundengewinnung weggeschoben wird. Es heißt dann oft: Ich habe gar keine Zeit, mich um die Akquise zu kümmern. Die Wahrheit ist oft: Ich möchte nicht raus aus meiner Komfortzone, traue es mir nicht zu. Dahinter steht die Angst vor Zurückweisung und Misserfolg.

In Einzelgesprächen gelingt es mir, ein neues Selbstbewusstsein bei diesen Menschen zu implementieren. Und: Ihnen klarzumachen, dass sie sich die Chance, die wunderbare Erfahrung des Erfolgs machen zu können, nicht selbst nehmen sollten. Ich arbeite dabei mit einem Motivationstool, dessen Ergebnisse magisch sind. Es ist für mich emotional, wenn sich diese Vertriebsmitarbeiter und -mitarbeiterinnen nachher melden und sich bedanken: „Herr Frey, Sie haben mich wachgeküsst. Ich gehe nun jeden Tag mit einem Lächeln zum Kunden."

Case Study 2: Mach Dich nackig
Zugegeben, die Überschrift ist zweideutig gewählt. Worum es mir aber wirklich geht, ist – und das hat mit dem oben erwähnten Problem der Unsicherheit zu tun – dass wir uns oft selbstverschuldet vom Wesentlichen ablenken. Deshalb sage ich meinen Coachingteilnehmern: Wenn Ihr zu Eurem Termin beim Kunden geht (ein Termin ist unabdingbar), dann nehmt Eure professionelle Visitenkarte mit. Alles andere bleibt im Auto.

Die Blicke, die ich dafür ernte, zeugen von Zweifeln, manchmal Fassungslosigkeit. De facto ist es so, dass sich – und ihre Unsicherheit – viele hinter Prospekten, Mustern und diversem anderen Zeug verstecken. Und dabei das Wesentliche aus den Augen verlieren: zuzuhören, auf den Kunden einzugehen, offene Fragen zu stellen. Auch hier sind die Ergebnisse umwerfend: „Herr Frey, Sie hatten recht. Es ist mir plötzlich gelungen, eine ganz andere Atmosphäre beim Gespräch zu erzeugen. Auf Augenhöhe mit dem Kunden oder der Kundin zu kommunizieren."

Case Study 3: Veränderungen, auch größere, entschlossen angehen

Was ein neutrales Coaching zu leisten imstande ist, zeigt diese Erfahrung bei einem unserer Partnerunternehmen, das eine völlig neue Produktstrategie aufgesetzt hat. Aber nicht nur das: Die Vertriebsgebiete wurden neu geordnet, und für die ca. 100 Mitarbeiterinnen und Mitarbeiter im Verkauf änderte sich – ja, fast alles. Natürlich hat das erstmal Ängste zur Folge, Unsicherheiten ob der Veränderungen in den Produkten, teilweise die Scheu vor neuen Kunden usw.

Heute sind alle hinter den neuen Zielen vereint und konnten nachweislich die betriebswirtschaftlichen Kennzahlen gemeinschaftlich signifikant verbessern. Dazwischen lagen drei Jahre Coaching, Gespräche mit jedem Einzelnen im Vertrieb, aber auch Nachjustieren bei den ausgegebenen Etappenzielen mit der Unternehmensführung.

Am Ende zählt, dass unsere Tools greifen – und die, anfänglich teils sehr skeptischen, Mitarbeiterinnen und Mitarbeiter den Erfolg sehen, im Erfolg vereint sind und mit mehr Freude als vorher täglich weiter am Erfolg arbeiten. Ergebnis: Von wenigen Ausnahmen abgesehen, ist es uns gelungen, alle mitzunehmen. Die Mitarbeiter und das Unternehmen deutlich weiterzuentwickeln.

Case Study 4: Strukturen helfen, wenn sie Klarheit schaffen

Auch das war ein längerfristiger Auftrag. Zielsetzung war es, in drei Unternehmen drei unterschiedliche Vertriebsstrategien zu implementieren: Direktvertrieb, Handel, Objektgeschäft. Wir haben alles gemeinsam hinterfragt. Denn es ging darum, die richtigen Mitarbeiter für den jeweiligen Vertriebsweg auszumachen, sie bestmöglich auf ihr neues Aufgabenfeld vorzubereiten und sie dann mit klarem Mindset an den Start zu bringen.

Auch hier hat sich gezeigt, dass das Unternehmen – natürlich nach einer eingehenden Analyse der Märkte und des eigenen Potenzials – gut daran getan hat, die gewonnenen Einsichten in auf die Zukunft gerichtete Entscheidungen zu überführen. Heute ist es sehr gut aufgestellt. Und jeder weiß, wo sein Ziel liegt. Aber: Das geht nur, wenn man alle Mitarbeiterinnen und Mitarbeiter im Verkauf mitnimmt. Denn Qualifizierung sorgt dafür, dass sie die neue Kundenklientel, die es zu erschließen gilt (unter anderem mit dem Thema Nachhaltigkeit), erfolgreich entwickeln. Dazu müssen sie sich selbst weiterentwickeln. Alles in allem betrachtet hat sich das Betriebsergebnis nachweislich verbessert.

Case Study 5: Mehrwert verkaufen

In Gesprächen mit der Inhaberschaft unseres Partnerunternehmens äußerte sich deutliche Unzufriedenheit über die Ertragssituation. Ähnliches Vorgehen auch hier: zunächst Definition der Zielgruppen in den unterschiedlichen Absatzkanälen, danach Formulierung der klaren Zielsetzung, den Ertrag pro Kunde deutlich zu entwickeln. Verbunden mit der Vorgabe an den Mitarbeiter, die Mitarbeiterin, in den einzelnen Segmenten kein Fenster, keine Haustüre, keinen Sonnenschutz mehr ohne Mehrwert, ohne Mehrnutzen zu verkaufen.

Wie haben wir es gemacht: Es muss sich lohnen! Aber für alle, auch für die Mitarbeiterin und den Mitarbeiter, die innerhalb eines Jahres die Abverkaufszahlen für Lüftung, Sicherheit und Automation in völlig neue Dimensionen brachten. Tatsächlich haben wir es geschafft, das Thema höherwertiges, ja Mehrwert-Verkaufen für jede(n) Einzelne(n) zur Mission zu machen. Und zwar zu seinem persönlichen Anliegen. Das hat sich massiv positiv auf die Betriebsergebnisse ausgewirkt und war auch für mich eine absolute Bestätigung für die gewählte Vorgehensweise.

Case Study 6: Finde den Star in Deinen eigenen Reihen
Eine wunderbare Erfahrung durften wir in einem Partnerunternehmen machen, das es sich auf die Fahnen geschrieben hatte, in den eigenen Reihen Ausschau zu halten nach Talenten, die in den kommenden Jahren mehr Verantwortung innerhalb des Unternehmens übernehmen sollten. Ein fantastischer Ansatz, der sicherstellt, das größte Potenzial, das wir in den Betrieben haben, zum Leuchten zu bringen.

In zahlreichen Mitarbeiterinterviews und Einzelgesprächen ist es uns gelungen, unterschiedliche Mitarbeiterinnen und Mitarbeiter zu ausgezeichneten Führungskräften weiterzuentwickeln. Dabei habe ich weiter an meinem Ansatz des Unternehmers im Unternehmen gearbeitet. Und einmal mehr festgestellt, dass es quer durch alle Altersgruppen – also auch in der Generation Z – Menschen gibt, die das Talent und die Bereitschaft mitbringen, voranzugehen. Ich darf sagen, dass es unheimlich Freude gemacht hat, zu initiieren, wie die Mitarbeiterinnen und Mitarbeiter schrittweise die eigenen Fähigkeiten entdeckten und in der Zusammenarbeit mit uns weiterentwickelten. Kein Zweifel: Hier wäre ohne diese Initiative viel

Potenzial verschenkt worden, das auch in anderen Unternehmen vorhanden wäre. In unserem Unternehmercoaching ist es uns gelungen, herausragende Talente so zu qualifizieren, dass sie heute die Aufgaben als Prokurist und Mitglied der Geschäftsleitung sehr erfolgreich wahrnehmen. Fazit: Für unsere NETZWERK Partner finden wir die Toptalente inner- und außerhalb des eigenen Unternehmens.

Case Study 7: Setz Dir Ziele

Am Ende zählt das Betriebsergebnis. Darauf hat nicht zuletzt Einfluss, wie der einzelne Vertriebsmitarbeiter performt. Deswegen ist mein Credo: Jede(r) Beschäftigte im Verkauf ist immer auch eine Führungskraft. Das führt uns automatisch zum Thema Entlohnung.

In diesem Fall hatten wir die Resultate aller Mitarbeiterinnen und Mitarbeiter im Verkauf analysiert. Ergebnis: Da geht deutlich mehr. Aber: Der Unternehmer war bereit, seinerseits ins Risiko zu gehen, und sagte eine deutlich höhere Erfolgsbeteiligung für das Team zu, sofern es gelänge, die Erträge deutlich zu steigern.

Was haben wir gemacht: Wir haben mit jedem einzelnen Mitarbeiter eine persönliche Zielvereinbarung geschlossen. Diese enthielt zwei Dinge: Formuliert war, wo wir im Ergebnis mit ihm bzw. ihr hinwollen und was er bzw. sie konkret davon hat. Letztlich geht es darum, zwischen den Zielen des Unternehmens und den Zielen jedes/jeder Einzelnen eine Schnittmenge zu definieren. Der Mut, Veränderungen aktiv anzugehen – das ist auch hier als Ergebnis festzuhalten – hat sich für alle Seiten gelohnt, eine Win-win-Situation.

Am Ende, das haben alle diese Beispiele gezeigt, ist es bei allen Herausforderungen und Zeit- sowie Energiefressern, die der Alltag für uns alle bereithält, unabdingbar, beständig nicht nur im, sondern am Unternehmen weiterzuarbeiten. Dabei unterstützen wir unsere NETZWERK Kooperations- und Fensterbaupartner mit unseren Coachings nachhaltig. Das spricht sich, insbesondere mit Blick auf die resultierenden Ergebnisverbesserungen, natürlich herum und ist in der Vergangenheit für viele ein wesentlicher Grund gewesen, sich unserer Fensterbaufamilie anzuschließen.

Mir zeigen die 100 Coachingtage im Jahr, was alles möglich ist. In der Zusammenarbeit in unserem NETZWERK, mit positiver Energie und der Bereitschaft, Veränderungen zuzulassen und Chancen wahrzunehmen. Ich wünsche Ihnen, dass Sie ähnliche Erfahrungen machen.

X. Ein Jäger, kein Sammler

Im Mittel haben wir seit unserer Gründung Anfang 2013 jeden Monat mehr als einen neuen Partner gewonnen. Es gibt schon noch Unternehmen in der deutschsprachigen Türen- und Fensterbranche, die ich mir im NETZWERK sehr gut vorstellen könnte. Wenn die Voraussetzungen stimmen, werden wir uns in der gesamten Fensterbaufamilie auch durch neue Partnerunternehmen im NETZWERK weiterentwickeln können. Das hat erst mal mit der Größe der Unternehmen nichts zu tun. Derlei halte ich auch für antiquiert. Die Schnellen und somit auch meistens die Innovativen fressen die Langsamen, nicht jeder wird mit zunehmender Größe auch schneller.

Das ist genau das, was uns vorschwebt und deshalb auch stark macht. Die Mischung muss einfach passen im NETZWERK. Aber gerade in der jüngsten Vergangenheit haben wir bewusst eine Reihe von Start-ups als Kooperationspartner aufgenommen, die im Bereich der Digitalisierung neue Perspektiven für alle im NETZWERK bieten. Mag sein, dass hier auch schon der Einfluss unserer Next Generation spürbar wird, natürlich sind mein Jüngster Niklas und mein Neffe Jannik Frey in diese Richtung besonders aufgeschlossen.

Auch unsere Gemeinschaft lebt davon, dass immer wieder auch frischer Wind reinkommt. Die Zeit bleibt nicht stehen, und so entwickeln sich auch in der Türen- und Fensterbranche immer wieder neue Geschäftsmodelle. Wichtig ist:

- Es muss ein Stück weit auch menschlich passen. Wenn jemand gar nicht offen ist und auf den Austausch wie auch Impulse für die Weiterentwicklung keinen Wert legt, dann passt er vielleicht auch nicht zum NETZWERK.

- Wir wollen weiter wie bisher eine gewisse Unternehmerkultur im NETZWERK pflegen, die von Respekt und Achtung geprägt ist und die einfach auch zu spüren ist bei unseren NETZWERK Treffen.

- Schließlich gilt für uns die Devise: Qualität vor Quantität. Es soll einfach niemand ein ungutes Gefühl haben müssen, wenn er in unserem NETZWERK mit einem Kollegen ins Gespräch, vielleicht ins Geschäft kommt, ob das Gegenüber gegebenenfalls überhaupt in der Lage ist, seine Rechnungen zu bezahlen.

Wir wollen gute Unternehmen besser machen. Das schließt natürlich den Wunsch ein, dass unsere Kooperations- und Fensterbaupartner sich auch in der Form zu unserem NETZWERK bekennen, dass sie ihre Dienstleistungen wie Coachings oder die Personalsuche bei uns platzieren. Es heißt aber eben auch, dass wir regelmäßig auch Anfragen ablehnen, wenn wir mit dem Wunsch eines Unternehmens konfrontiert sind, sich dem NETZWERK anzuschließen.

Wir machen

gute Unternehmen besser.

Es passt einfach nicht jeder. Und es gibt auch Entscheider, die sind beratungsresistent. Wenn jemand auf dem Standpunkt steht, dass er keine Impulse benötigt, dann entspricht das eben nicht dem Angebot, was wir mit unserem NETZWERK der Branche machen. Was übrigens nicht heißen soll, dass es nicht außerhalb unserer Kooperations- und Fensterbaupartner keine erfolgreichen Unternehmen in der Branche geben würde.

Das wäre vermessen. Aber der Spirit in unserem NETZWERK, auch bei unseren Veranstaltungen, ist eben, gute Unternehmen auf einer neutralen Plattform zusammenzubringen, mit Freude, positiver Energie und Weiterentwicklung. Und da freut es mich am allermeisten, dass wir sehr viele Neuzugänge in unserem NETZWERK heute durch Weiterempfehlungen haben. Dennoch muss es insgesamt passen. Wir haben immer gesagt: Unsere Märkte sind Deutschland, Österreich und die Schweiz. Alles andere steht nicht zur Debatte.

Dazu kommt dann noch, dass wir von Anfang an sehr darauf geachtet haben, weiterhin eine Balance zu haben zwischen Fensterbau- und Kooperationspartnern. Ich möchte also jetzt nicht anfangen, einen Industriepartner nach dem anderen aufzunehmen, wenn nicht in vergleichbarem Umfang Hersteller von Fenstern, Türen, Sonnenschutz dazukommen.

Neukundengewinnung ist die Königsdisziplin.

Es muss immer für beide Seiten passen, heißt es so schön. Aber ich habe mich da selbst nie aus der Verantwortung entlassen. Ich bin ein Jäger, kein Sammler. Das sage ich den Teilnehmerinnen und Teilnehmern an meinen Vertriebscoachings. Die Königsdisziplin im Vertrieb ist die Neukundengewinnung, wie bereits mehrfach erwähnt.

Ich weiß noch, wie meine Frau Tanja damals Tränen in der Stimme hatte, als ich ihr 2013, am zweiten Tag der Bau-Messe in München, vom Hotelzimmer aus am Telefon sagte, dass ich die ersten Zusagen habe. Von meinen ersten NETZWERK Partnern, die bis heute immer noch dabei sind. Das werde ich sicher nie vergessen. Denn diese Firmen haben uns damals wirklich das Vertrauen gegeben. Das war der Beginn einer unglaublichen Erfolgsgeschichte bis heute mit unserem NETZWERK. Ich werde mich also nicht zurücklehnen. Schon weil ich es meinen Kooperations- und Fensterbaupartnern gegenüber als Verpflichtung empfinde.

Es entspricht aber auch ganz einfach nicht meinem Naturell. Übrigens sind wir, abgesehen vom Werben um bestimmte Fensterbaupartner, kein Closed Shop. Wir bieten unseren Interessenten für eine Fensterbaupartnerschaft an, bei einer unserer Veranstaltungen einmalig reinzuschnuppern, um die Atmosphäre aufzusaugen. Und das macht auch Sinn. Denn im Nachgang kann sich das Fensterbauunternehmen für eine langfristige Partnerschaft im NETZWERK entscheiden.

So wie mit jeder neuen Generation spannende Persönlichkeiten in den Firmen neu in unserer Branche dazukommen, so dürfen auch wir im NETZWERK nicht stehenbleiben. Für die Nachfolgegeneration mit Niklas und Jannik ist alles bestens präpariert für die zukünftige Gestaltung im NETZWERK. Ich gebe ihnen die Chance gerne und sie bekommen von unserer ganzen Familie die volle Unterstützung. Aber was sie daraus machen, entscheiden die Youngsters selbst.

So sind die Veranstaltungen tatsächlich wie die regelmäßigen Anlässe einer Großfamilie, nämlich unserer Fensterbaufamilie. Es gibt jede Menge bekannter Gesichter, aber eben immer auch welche, die neu dazukommen. Besonders freut es mich, wenn sich zwischen meinen Männern der neuen Generation und dem Nachwuchs der Führungskräfte und Inhaber in unseren Partnerunternehmen ein Band entwickelt, wie ich es während der zurückliegenden zehn Jahre erleben durfte.

Die Kunden stehen bei uns im Mittelpunkt. Alles, was wir auf die Beine stellen, ob bei unseren Veranstaltungen oder mit Blick auf von uns erbrachte Dienstleistungen wie das Coaching von Unternehmern oder Vertriebsmitarbeitern, wie die Suche nach Personal, es hat stets zum Ziel, das Gesamtpaket, das Erlebnis NETZWERK für unsere Fensterbau-, für unsere Kooperationspartner weiter zu verbessern. Zu den Dingen, die ich mir in unserer Gemeinschaft wünschen würde, gehört dabei, dass sich der Anteil weiblicher Unternehmerinnen und Führungskräfte vergrößerte. Wir haben diese Frauen in unserer Fenster- und Türenbranche. Und ich möchte ganz deutlich sagen, dass sie in unserer Fensterbaufamilie mehr als willkommen sind.

> „Herr Frey hat mir und meinem Führungsteam gezeigt, wie wichtig die gut vorbereitete Vorgehensweise in der betriebswirtschaftlichen Optimierung sein kann und hat nachweislich unseren positiven Weg mit seinem NETZWERK beeinflusst."
> Silke Mehrhoff
> Geschäftsführerin Tor- und Fenstertechnik Mehrhoff GmbH

Und dann ist mir noch etwas anderes wichtig, was bereits an der einen oder anderen Stelle in diesem Buch angeklungen ist. Die persönliche Beziehung zwischen Menschen, echte, real erlebte Partnerschaft von Angesicht zu Angesicht, genauso wie gemeinsame Erlebnisse, die verbinden: Das alles wird niemals „out" sein.

Und das hat nicht das Geringste damit zu tun, vor der Digitalisierung, die im Gegenteil in vielen Bereichen noch viel schneller Einzug halten müsste, die Augen zu verschließen. Oder sich selbst dieser Entwicklung zu verschließen. Wer mich kennt, der weiß, dass ich Veränderung, auch technische Weiterentwicklung immer als Wert an sich erkannt und gesehen habe. Es mag sicher Dinge geben, die sich im Nachhinein als weniger zielorientiert als erhofft herausstellen: Dann gilt es, die richtigen Stellschrauben ausfindig zu machen und zu korrigieren.

Aber: Jeder von uns braucht, wenn er selbst vorankommen möchte, die Bereitschaft zu Veränderung, Dynamik, gemeinsam in Gang gebrachte Prozesse. Nur ist das keine Absage an den Wert und die Kultur der Zusammenarbeit zwischen Menschen auf Augenhöhe. Wenn ich verstehen will, was der oder die andere von mir brauchen könnte, wo ich ihn/sie – dann sicher auch zum eigenen Vorteil – unterstützen könnte, dann muss ich zuallererst einmal zuhören, verstehen, begreifen. Dazu vonnöten sind Empathie, Einfühlungsvermögen, echtes Interesse und Vertrauen. Und das geht nicht mit einem Google Algorithmus oder vorprogrammierten Automatismen der Künstlichen Intelligenz. Weder im Verkaufsgespräch, sei es in der heimischen Ausstellung, sei es beim Fachhandel oder in der Verhandlung über ein Objekt. Das geht nur im Austausch auf Augenhöhe mit den spannendsten Unternehmer- und

Unternehmerinnenpersönlichkeiten, die die Fenster- und Türenbranche zu bieten hat. Bei uns im NETZWERK.

Und das spüren die Leute eben. Ob die Chemie stimmt. Ob was rüberkommt. Ob Dir der und die andere wirklich wichtig sind. Geschäfte werden von und zwischen Menschen gemacht. Und ich glaube wirklich, dass wir eine fantastische Branchenkultur entwickelt haben, mit unseren Fensterbau- und Kooperationspartnern. Und zwar ohne dabei das aus den Augen zu verlieren, um was es immer geht. Immer gehen sollte: den Abschluss, den Auftrag, rechts unten.

Es darf
Spaß machen!

Aber die ganze Sache darf doch Spaß machen! Das ist mir die wichtigste Botschaft überhaupt. Ich kann nur jedem raten, sich ein Bild davon zu machen, wie die Teilnehmerinnen und Teilnehmer von unseren NETZWERK FENSTERTAGEN, vom NETZWERK PARTNERTAG nach Hause fahren. Und das Gleiche erlebe ich mit dem weit überwiegenden Teil meiner Coachingteilnehmerinnen und -teilnehmer. Wer in dem, was er macht, wirklich gut sein will, der braucht Leidenschaft, positive Energie, Power. Auf dem Weg dorthin geht es geradeaus.

So wie ich an allen Kreuzungen meines Lebens immer den geraden Weg gewählt habe. Nicht den Umweg, der heute vor allem im Problematisieren aller möglichen Themen besteht. Darin, zu erörtern, warum etwas nicht geht. Das versuche ich, in meinen Trainings mit den Mitarbeiterinnen und Mitarbeitern unserer Partnerunternehmen zu eliminieren. Denn, ganz ehrlich, vieles davon ist Ausrede. Begründung dafür, dass ich mein Potenzial nicht zu 100 Prozent ausgeschöpft habe. Und da ist es Teil meiner Aufgabe, den Teilnehmern einen Spiegel vorzuhalten. Schnell sind wir dann bei den Vertriebsmitarbeitern, die ich gerne als die Hoffnungsverkäufer bezeichne. Das sind Leute, die liegen im November 30 Prozent unter dem geplanten Jahresbudget, was sie hätten verkaufen sollen. Und die erzählen Dir dann: Das kommt alles noch.

Oder, es werden die verschiedenen Gründe angeführt, warum es nicht möglich war, die (in der Regel durchaus realistischen) Ziele zu erreichen. Corona war natürlich sehr gerne genommen und musste für alles Mögliche als Begründung herhalten. Ich sage dann, dass ich gerade während der Pandemie unser Wachstum im NETZWERK nochmal beschleunigen konnte. Oder es heißt: Ja, wir haben einen großen Kunden, der ist wirtschaftlich in Schieflage geraten und kann jetzt seine Rechnungen nicht bezahlen. Das fehlt mir in meiner Bilanz natürlich.

Ich frage dann: Hat sich das die letzten Jahre angekündigt oder ist das jetzt zum ersten Mal aufgetreten, dass der Kunde in Problemen ist. Antwort, sehr häufig – Wackelkandidaten entwickeln sich nach meiner Erfahrung über viele Jahre: Nein, damit haben wir schon länger zu kämpfen. Dann muss ich den Vertriebsmitarbeiter bzw. die Vertriebsmitarbeiterin doch fragen: Warum hast Du dann nicht rechtzeitig Ersatz beschafft?

Am Ende ist es einfach so: Zahlen lügen nicht. Klarerweise hat man auch mal Glück. Aber das hat dann auch sehr häufig damit zu tun, dass man zur richtigen Zeit am richtigen Ort war. Und der richtige Ort, um eine Entscheidung zu seinen Gunsten zu bekommen, ist häufig nicht das gemütliche Büro. Ich habe viel zu lange im Vertrieb gearbeitet, um das zu wissen. Und das Geschäft funktioniert immer nach den gleichen Prinzipien: da zu sein, wenn es wichtig ist. Dem Kunden ein gutes Gefühl geben.

Natürlich gehört noch viel mehr dazu, wenn ich die Kooperations- und Fensterbaupartner zusammen mit meinen Kundinnen und Kunden weiterentwickle. So haben im Lauf der Jahre die Unternehmercoachings zugenommen. Viele meiner Kundinnen und Kunden sagen zum Beispiel: Komm, wir ziehen uns jetzt mal zwei Tage in ein schönes Hotel zurück. Dann habe ich Ruhe, und dann gehen wir mal alle wichtigen Themen an.

Eines unserer ganz großen Grundprobleme in unserer Branche. Immer wenn der Markt gut läuft, werden erstmal Kapazitäten aufgebaut. Dabei bleiben regelmäßig die gleichen Punkte unberücksichtigt:

1. Was mache ich mit den Kapazitäten, wenn die Nachfrage einbricht?

2. Aber auch bei stabiler Nachfrage, wie wir sie in den zurückliegenden Jahren erlebt haben, muss geklärt sein, ob ich die entsprechende Performance in der Lieferlogistik und insbesondere im Verkauf habe, um die für die neuen Kapazitäten erforderlichen Aufträge auskömmlich zu bekommen. Also mit den Erlösen, die wir brauchen.

Alles andere führt, und auch das ist Augenwischerei, nur wieder dazu, dass ich in die bekannte Situation komme: Nun habe ich Kapazitäten aufgebaut, in neue Anlagentechnik investiert, jetzt muss ich die Linien auch auslasten. Und wenn das mit der betriebswirtschaftlich völlig alternativlosen Erträglichkeit, sprich Gewinnmarge, nicht geht, dann hole ich die fehlenden Aufträge, um die Kapazitäten auszulasten, über den Preis.

Das ist genau der falsche Weg. Denn daher kommen die ganzen Überkapazitäten. Ein Thema, das mich seit fast 35 Jahren begleitet. Richtig wäre der umgekehrte Ansatz: Zunächst stelle ich in allen involvierten Abteilungen – Vertrieb, Bestellwesen, Logistik, allenfalls im B2B Bereich Anwendungstechnik bzw. bei der Montage auf der Baustelle, sofern ich diese selbst mit abdecke – die Weichen. Dann spricht auch nichts dagegen, ein wenig mehr zu machen, wenn der Markt da ist. Aber dann muss die Gesamtrechnung aufgehen und klar sein, dass ich für diese genannten Weichenstellungen und die damit verknüpften Aufwände die richtigen, nämlich mehr, Kunden generiere und/oder höherwertig im Verkauf unterwegs bin.

Weitere Themen in Unternehmercoachings sind die Eigenfertigung bzw. abhängig davon die Frage, ob ich das richtige Sortiment habe oder noch etwas, gegebenenfalls durch Zukauf, dazu hole. Und natürlich sprechen wir über den Pro-Kopf-Umsatz. Auch da rede ich Klartext: Denn es kommt schon vor, dass ich meinem Gegenüber dann sage, dass er für seine Zahlen, insbesondere im Ertrag, ziemlich viele Leute hat. Der Umsatz ist da oft nur eine Richtgröße und bestimmt nicht alleinentscheidend. Natürlich kann ich mir, wenn ich groß genug bin und über den entsprechenden Zuschnitt gerade in Unternehmensgruppen verfüge, auch mal einen Auftrag kaufen. Das kann ja auch strategisch richtig sein, Stichwort Verdrängung, Stichwort Öffnung eines weiteren, für die Zukunft vielverspre-chenden Absatzkanals, Stichwort vielleicht auch noch nicht ausge-schöpfte Kostensenkungspotenziale im eigenen Unternehmen.

Aber am Ende gibt es zum Geldverdienen keine Alternative, so seltsam das klingen mag. Und das darf man sich nicht dauerhaft schönrechnen, weil genau hier häufig die Probleme beginnen, die mit der gefürchteten Abwärtsspirale enden, die alles nach unten zieht: Preise, Qualität, Kundenzufriedenheit, am Ende das gesamte Unternehmen. Deshalb sage ich: Vorsicht vor dem ewigen „Schnel-ler, höher, weiter", das ist manchmal der falsche Weg. Die Wahrheit steht auch hier unter dem Strich und benennt ganz klar, was am Ende des Tages übrigbleibt.

Wir haben hier im NETZWERK bei vielen Coachings nach-weislich eine Menge in den Unternehmen in Bewegung gebracht. Dahingehend, dass wir wirklich – zusammen mit dem Inhaber oder Geschäftsführer – erfolgreich Hand angelegt haben an die Struk-turen und Prozesse, zum Teil auch an Produkte und immer an den Vertrieb. Das ist nun einmal die Basis von allem. Und dieses Ver-ständnis zu erzeugen, ist etwas, das alle meine Coachingaktivitäten gemein haben. Deshalb sind aus meiner Sicht auch noch so teure Umbauarbeiten von Unternehmensberatern am Ende zum Schei-tern verurteilt, wenn sie den Vertrieb nicht mitnehmen.

Und hier sage ich schon: Ihr könnt Euch heute die Trainer und Consultants aus einem ganzen Heer aus Coaches und allen mög-lichen Heilsbringern aussuchen. Aber eines habt Ihr bei mir. Und das ist die Garantie, dass ich nicht gestern oder vor zwei Wochen noch Tütensuppen verkauft habe. Ich bin nun mal ein Kind dieser Branche, die mir alles gegeben hat. Und der ich nun, auch mit diesem Buch über mein Leben und meine Erfolgsstrategien, etwas zurückgeben möchte. Von diesem Einblick in die Prozesse, die ich von der Pike auf gelernt habe, profitieren natürlich auch die Fensterbau- und Kooperationspartner, die mich mit der Suche nach der richtigen Besetzung für ihre offenen Stellen beauftragen. Denn auch hier gibt es einige Faktoren, die man im Auge haben muss, um am Ende langfristig die richtige Lösung zu finden. Und hier ist der Schul- oder Hochschulabschluss nur ein Faktor.

Ich bin ein Kind dieser Branche.

Das ist wie immer, ähnlich wie beim U-Wert. Nachzuschauen, ob dieses oder jenes Zertifikat da ist, ist immer am einfachsten. Hat auch seine Berechtigung. Sagt aber, im Fall des eingebauten Fensters, oft noch nicht viel aus über die energetische Gesamtperformance, ganz zu schweigen von weiteren Komfort- oder Sicherheitsfeatures. Und so ist es auch bei der Suche nach dem richtigen Kandidaten, der richtigen Kandidatin: Ist er/sie offen, ist er/sie bereit, Leistung zu bringen? Stiehlt er/sie sich bei der ersten Gelegenheit aus der Verantwortung und sucht nach Gründen, warum es nicht geklappt hat, statt bei sich selbst anzufangen und in den Spiegel zu schauen?

Am Ende kann der Abschluss noch so gut sein. Deinen Hunger, Deine Ziele, das muss von innen kommen, das lehrt Dich keine Schule. Abgesehen vom Leben. Mein Bruder Karsten und ich, wir sind mit wenig bis nichts aufgewachsen. Und ich schäme mich auch nicht, das zu sagen. Wir haben beide beruflich unseren Weg gemacht. Sein Sohn Jannik ist heute im NETZWERK mit an Bord, was mich natürlich freut. Denn es bringt nichts, genauso wie bei unserem Sohn Niklas, die nächste Generation mit Erwartungen zu überfrachten. Das muss mit Leidenschaft über den eigenen Antrieb kommen, das habe ich gelernt. Und die jungen Leute müssen hineinwachsen. Müssen auch ihre eigenen Fehler machen dürfen, ohne das geht es nicht.

Deshalb bin ich heute noch jedem dankbar, der mir meinen Weg ermöglicht hat. Weil er mir die Chance dazu gegeben hat. Für mehr muss ich aber niemand dankbar sein. Denn wenn ich – egal wo – diese Chance bekommen hatte, dann habe ich alles dafür getan, damit ich selbst sagen konnte: Das war die richtige Entscheidung. Das war immer mein täglicher Antrieb. Genauso wie ich noch heute alles dafür tue, dass die Unternehmer und Führungskräfte im NETZWERK genau wissen, dass das für sie die richtige Umgebung ist.

Ich spreche von Zielen, die man sich selbst steckt. Ganz bewusst. Nicht zu viele, aber auch nicht zu bescheidene. Von Zielen, an denen man sich selbst misst. Letztendlich geht es im Leben, das ist meine Überzeugung, vor allem um persönliche Weiterentwicklung. Darum, seine Möglichkeiten zu nutzen. Und die stecken in jedem von uns, in unterschiedlicher Ausprägung, drin. Zum Glück ist jeder Mensch anders. Anderenfalls wäre es ausgesprochen langweilig. Und jeder hat das Zeug dazu, etwas aus sich zu machen. Das getraue ich mir, mit Blick auf die eigene Biografie, zu sagen. Denn darauf, dass ausgerechnet ich so etwas wie das NETZWERK würde aufbauen dürfen, ein eigenes Unternehmen würde führen dürfen, darauf hat während meiner ersten Lebensjahre wirklich nichts hingedeutet.

Der Hunger

muss immer da sein.

Nur der Hunger war da. Und wenn Sie, in Ihrem Unternehmen, bei Menschen das Gefühl haben, dass dieser Hunger da ist, dann überlegen Sie, welche Gelegenheiten Sie der betreffenden Person bieten können. Es gibt kein Überangebot an Menschen mit solchen Charakterzügen. Meine vier Begriffe, die mich geleitet haben, auch an den Kreuzungen in meinem Leben, die lauten: Motivation, Leidenschaft, Ehrgeiz, Freude. Und ich bleibe dabei: Es gibt nichts Geileres als den Erfolg, der die Summe dieser Bestandteile ist.

Das ist die Formel, die ich in die Unternehmen trage, mit denen ich zusammenarbeiten darf. Es handelt sich nicht um ein Geheimrezept, denn es beinhaltet Überzeugungen, wie „Ohne Fleiß kein Preis", die natürlich zeitlos Gültigkeit besitzen. Sondern es beschreibt die Grundvoraussetzungen, eine persönliche Einstellung, mit der ich dann die Schritte im Unternehmen in Angriff nehmen kann, die wir mit meiner Erfahrung aus 35 Jahren in der Fenster- und Türenbranche sowie den richtigen Impulsen auch aus unserer Next Generation für Themen wie Social Media, jüngere Mitarbeiterinnen und Mitarbeiter führen etc. in unseren Coachings gemeinsam mit dem Unternehmer bzw. den Führungskräften herausanalysiert haben.

Sie können sich das so vorstellen, dass ich eine Schablone über die Strukturen in dem jeweiligen Unternehmen lege. Meist geht es dann um die Feinjustierung. An welchen Stellschrauben müssen wir drehen, um die gewünschten Ergebnisverbesserungen zu erzielen? Das ist die Herangehensweise. Manchmal hat das auch was von Detektivarbeit. Aber immer tauche ich wirklich in das Unternehmen ein, nehme alles auf, blicke hinter die Abläufe und befinde mich mit dem, was mir auffällt, in ständigem Austausch mit der Unternehmensführung. Dabei kommen alle Learnings und Erkenntnisse allen weiteren Coachingkunden zugute. Natürlich nicht in der Form, dass ich Interna preisgebe.

Aber das wissen meine Kunden und die Firmen, mit denen ich zusammenarbeite, seit Jahrzehnten. Anders wäre es unmöglich, sich eine Reputation zu erarbeiten, die ein echtes Vertrauensverhältnis mit den Kunden mit sich bringt. Doch genau das ist vonnöten, um wirklich der „Sparringspartner auf Augenhöhe" zu sein, mit dem sich unsere NETZWERK Firmen auf eine genaue Strukturanalyse dessen einlassen, was in den Unternehmen passiert. So habe ich im Lauf der vielen Jahre intensive Einblicke bekommen, aus denen ich für jedes Coaching Hinweise ableiten kann, wie bestimmte Knackpunkte in den Griff zu bekommen sind. Die Grundüberzeugung ist dabei unumstößlich: Unternehmer und Führungskräfte, die ihre Firmen vertrieblich ausrichten und davon ausgehend die richtige Aufstellung hinsichtlich Betriebsgröße, Pro-Kopf-Umsatz, Produkt- und Markenstrategie sowie Eigenfertigungsquote finden, haben ihre Hausaufgaben gemacht – oder sind dabei, dies zu tun.

Das Entscheidende ist, und daraus mache ich keinen Hehl, dass solche Weichenstellungen nicht für alle Zeiten erfolgen, sondern in bestimmten zeitlichen Abständen der Überprüfung bedürfen. Das ist wie in der Formel 1. Das Setup, das am Start funktioniert, ist vielleicht nicht mehr das richtige, wenn sich der Zustand der Strecke, der Zustand der Reifen, das Wetter oder die Position im Feld ändern. Wichtig ist, nicht hinterherzurennen, nicht der Getriebene zu sein, der eigentlich immer nur reagiert. Wer gestalten will, setzt sich vor das Geschehen. Dabei unterstützen wir unsere Partner aktiv.

> „Mit seinen fachlich sehr gut auf uns abgestimmten Coaching-Maßnahmen hat Herr Frey unsere Unternehmensgruppe im Bereich Fenster und Fassaden ergebnisorientiert sowie effektiv beraten. Wir können die Fensterbaupartnerschaft im NETZWERK unbedingt weiterempfehlen."
> Christoph Lüdemann-Ravit
> Geschäftsführung HPM Service und Verwaltung GmbH

Dann kann ich mit überschaubarem Aufwand nachhaltig Ergebnisse erzielen. Nur wenn ich durch zu langes Abwarten über Jahre ins Hintertreffen geraten bin, wird es richtig teuer. Dabei ist es vermeintlich oft einfacher, die nächste Investition anzuschieben, als in der Unternehmenssteuerung zunächst die Voraussetzungen dafür zu schaffen, dass das, was gesät wird, auch auf fruchtbaren Boden fällt. Deshalb steht und fällt fast alles mit dem Vertrieb.

Was nützt es mir, wenn ich mehr Fenster herstelle, aber nicht die Kunden oder, was meist der Fall ist, das richtig geschulte Vertriebsteam habe, um die mehr produzierten Elemente auch auskömmlich zu verkaufen. Das gilt natürlich parallel genauso im

Fachhandels- und Objektgeschäft. Verkürzt kann man sagen: Alles, was ich im Unternehmen anschiebe, muss in einem durchdachten Konzept erfolgen. Aktionismus und einseitiges Forcieren einer Größe wie der Produktivität sind nicht effektiv.

Keine Flucht
aus der Verantwortung.

Dabei habe ich vor jedem Unternehmer Respekt. Und es tut mir auch jeder leid, der es nicht schafft. Aber was ich mir als Unternehmer — ebenso wie als Unternehmer im Unternehmen — abschminken muss, ist, andere für meine Fehler und Versäumnisse verantwortlich machen zu wollen. Egal was in einem Betrieb passiert oder nicht passiert, für mich als Unternehmer kann es keine Flucht aus der Verantwortung geben. Das ist in meinen Augen klar.

Egal ob eine zu geringe Marktakzeptanz (Warum: Zu schlechte Verkäufer? Probleme mit der Qualität oder der Lieferperformance? Die falschen Produkte?), Probleme mit Mitarbeitern (Sind es die richtigen? Passt mein Führungsstil? Nehme ich die Leute mit und lasse sie am Erfolg teilhaben? Gebe ich ihnen eine Perspektive und achte ich auf regelmäßige Fortbildung und Weiterentwicklung?) oder der Infrastruktur im Unternehmen — es ist klar, wen ich fragen muss. Und zu langes Abwarten hat noch nie eine Lösung gebracht. Lösungsorientiertes Handeln ist gefragt.

Aber bitte nicht unzählige Meetings und Arbeitskreise ohne Entscheidungen. Kurze Entscheidungswege sind heute und in Zukunft der Schlüssel zum Unternehmenserfolg. Deshalb auch der erweiterte Führungskreis in modernen Unternehmen. Viel zu viel effektive Arbeitszeit verschwenden wir in zu vielen belanglosen Meetings. Stellen Sie das ab und entwickeln Sie eine Kultur der schnellen Entschlüsse. Denn denken Sie immer an meine These: Schnell frisst Langsam!

Diese Dinge kommen bei meinen Unternehmercoachings aufs Tableau. Und so schaffen wir es auch, den positiven Spirit, wie er für mein NETZWERK kennzeichnend ist, in den Betrieben zu verankern. Letzten Endes gibt es jedem ein gutes Gefühl, die Themen aktiv anzugehen, zu agieren, Dinge in Bewegung zu bringen. Dagegen entsteht der Eindruck, im Hamsterrad gefangen zu sein, immer dann, wenn ich nur noch Troubleshooting betreiben muss und gefühlt ständig neue Probleme, Forderungen und Beschwerden von außen an mich herangetragen werden. Das frisst einen wirklich auf – und zieht auch das jeweilige Umfeld mit runter.

Apropos Umfeld: Natürlich wäre auch ich ohne mein Team im NETZWERK nicht da, wo ich heute bin. Ob das die Dienstleisterin Heike Carle ist, die sich um meine Homepage kümmert, die von Anfang an hervorragend performt hat; ob das unser Grafiker Kolja Fleischer in Berlin ist, mit dem wir von Beginn an zusammenarbeiten. Oder unser Fotograf Pete Schlipf und mein EDV Experte Sven Grill sowie viele weitere Helfer aus unserem Umfeld, die uns immer unterstützen. Sie spüren alle genau, was ich denke und das hilft mir bei meinem täglichen Handeln. Alle diese Menschen sind Teil der Erfolgsgeschichte.

Und das gilt natürlich besonders für meine Frau Tani, die mich nicht nur im Office unterstützt, sondern eben auch die Liebe meines Lebens ist. Sie hält mir den Rücken frei und ist die starke Frau an meiner Seite.

Wir haben es, in dieser Gemeinschaft meiner ganz wichtigen persönlichen Dienstleister geschafft, unseren gemeinsamen Stil zu finden, der häufig ohne große Abstimmung perfekt funktioniert. Ein absolut eingespieltes Team. Ein großes Glück für mich, solche Unterstützer zu haben.

Danke an
mein großartiges Team!

Denn es ist etwas Wunderbares, für unsere Partnerunternehmen tätig sein zu dürfen. Und das möchte ich auch hiermit in meinem Buch zum Ausdruck bringen. Danke an mein großartiges Team!

Nur wer selbst in Bewegung bleibt, ist in der Lage, diese Dynamik auch in der Zusammenarbeit mit anderen zu entfalten. Das kann ganz schön ansteckend wirken, aber im positiven Sinn. Auf jeder unserer Veranstaltungen lautet in meinen Präsentationen auf der Bühne meine Botschaft, dass mir um die Zukunftsfähigkeit unserer Produkte nicht bange ist. Fenster, Türen, Sonnenschutz, hochwertige Hebe-Schiebe-Elemente und Home Living-Komfortlösungen oder Schwellenfreiheit sowie vieles mehr: Das alles sind Themen, in die die Menschen auch künftig gerne investieren werden. Aber Lethargie können und dürfen wir uns eben nicht leisten. Weil sonst das Geschäft der Nächste hinter uns macht, wenn er seinen Kunden oder Kaufinteressenten mehr begeistert, der bessere Begleiter ist auf dessen Erlebnisreise zum Ziel der gewünschten, tollen, neuen Bauelemente.

Diese Begeisterung, die für unsere künftigen Markterfolge wichtig ist, weil sie auch das Gegenüber spürt, die überträgt sich auch auf unsere Mitarbeiterinnen und Mitarbeiter. Sorgen wir dafür, dass auch für sie die Zusammenarbeit eine Erlebnisreise wird. Auf die wir sie mitnehmen in der Form, dass wir ihnen signalisieren, dass es auf sie ankommt. Der Fisch stinkt immer vom Kopf her, heißt es. Also ist es unsere Aufgabe, als Unternehmer und Führungskräfte, voranzugehen. Mit Tatkraft, Mut, Leidenschaft und auch Offenheit, für Veränderungen, für Impulse von außen, aber selbstverständlich auch für zielführende Hinweise aus den eigenen Reihen. Dann ist das große Ganze mehr wert als die Summe seiner Teile, weil sich dann jeder im Team als vollwertiges Mitglied fühlt. Und diese positive Energie mitnimmt in das nächste Verkaufsgespräch.

Ganz ehrlich, wenn ich überlege, irgendwo Kunde zu werden, dann möchte ich genau das spüren. Dann möchte ich auf jemanden treffen, der für seine Sache brennt – und der mir als Interessent vor allem glaubwürdig rüberbringt, dass er (oder natürlich sie) für meine Sache brennt. Wenn dann noch die nötige Expertise und Erfahrung dazukommt, wie ich sie als Botschaft zum Beispiel erwarte am Point of Sale des Fachhandelsbetriebs, aber genauso, wenn es darum geht, sich als der richtige Partner im Objektgeschäft zu positionieren, dann hab ich ein Match, wie es neudeutsch heißt: Dann passt es für beide Seiten.

Denn, glauben Sie mir: Die von unseren Betrieben hergestellten und teilweise auch eingebauten Produkte sind längst viel zu wichtig, als dass Partner wie Bauträger oder Architekten erpicht darauf wären, jedesmal neu den Markt zu scouten auf der Suche nach dem richtigen Lieferanten. Letztes Endes sprechen wir auch im Objekt

– um das als Beispiel zu nehmen – über Netzwerke, die funktionieren müssen. Denn einer alleine bekommt das nicht hin.

**Erfolg ist
planbar.**

Erfolg ist planbar. Das ist meine Devise und die schließt Personalplanung ebenso ein wie die notwendige Planbarkeit in der Versorgung mit Vorprodukten. Natürlich war es in den zurückliegenden Jahren, zum Teil auch pandemiebedingt, schwierig, eine gute Lieferperformance aufrechtzuerhalten. Das bedeutet aber nicht, dass ich als erfolgreicher, zukunftsorientierter Unternehmer nur wie das Kaninchen vor der Schlange ängstlich auf die Lieferkettenproblematik blicken könnte. Ich darf mich dem eben nicht ausliefern. Welche Möglichkeiten gibt es, um gegenzusteuern?

1. Vielleicht ist dies der richtige Moment, um meine Abhängigkeit von möglichen Lieferpartnern zu überdenken. Sind es die richtigen? Gibt es Alternativen? Wer hat trotz der unbestreitbaren Erschwernisse, weil einfach die Ketten so komplex geworden sind, seine Kunden halbwegs verlässlich beliefert bzw. diese insbesondere proaktiv informiert, um ihnen mit einem Mindestmaß an Planbarkeit die Möglichkeit zu geben, ihre Lieferverpflichtungen managen zu können?

2. Auffällig für mich war, dass der eine oder andere auf die Schwierigkeiten bei Zulieferprodukten reagiert hat, indem er die eigene Lagerhaltung ausgeweitet hat. Natürlich kosten

Läger Geld, das ist keine Frage. Doch kann in der Marktsituation, wie wir sie die letzten Jahre erlebt haben, das eben ein wichtiges Argument sein, mit dem ich meinem Kunden signalisiere: Schau her, auf uns kannst Du Dich verlassen. Dafür nehmen wir auch das nötige Geld in die Hand.

Dafür, dass das möglich ist, sorgen (hoffentlich) die entsprechenden Betriebsergebnisse. Und auch die kommen nicht von ungefähr. Diesen Zusammenhang erkläre ich idealerweise meinem Kunden. Wenn es immer nur darum geht, noch das letzte Prozent aus dem Preis rauszuquetschen, dann darf ich mich als Gegenseite nicht wundern, wenn für derlei Entscheidungen, wie sie – gerade in der beschriebenen Situation – ja vor allem mir als Marktpartner zugutekommen, die erforderliche Substanz nicht da ist. Wenn mich einer nach Rabatt fragt, dann sage ich: „Das ist eine Stadt in Marokko", mit einem Lächeln.

Das gehört alles dazu, wenn es darum geht, mit Blick auf das, was vor uns liegt, seine Hausaufgaben zu machen. Persönlich erwarte ich für unsere Branche keinen extremen Einbruch, das habe ich mehrmals gesagt. Vielmehr kann es zu einer Marktkonsolidierung nebst neuem Fokus weg vom Neubau hin zur Sanierung kommen. Mit meinen Kunden, den Kooperations- und Fensterbaupartnern im NETZWERK, erarbeite ich die richtigen Schlussfolgerungen und setze diese gemeinsam mit ihnen um. Denn am Ende, dafür gibt es zahllose Beispiele aus der Vergangenheit, ist eine sinkende Nachfrage immer gut dafür, Marktanteile zu gewinnen. Weil nicht dafür aufgestellte, schlecht vorbereitete Mitbewerber welche verlieren. Die wichtigste Voraussetzung dafür: genau, aktives Verkaufen.

XI. Das Glas ist halb voll

Wer etwas bewegen will, der braucht positive Power – keine Frage. Doch zum positiven Mindset gehört auch die Fähigkeit, mit Rückschlägen umzugehen. Natürlich können einen bestimmte Ereignisse, Niederlagen und bisweilen auch Gespräche runterziehen. Wichtig ist immer, zu analysieren, wo wirklich die Ursachen liegen und was ich selbst beitragen kann, um diese zu beheben. Sich zu verstecken, ist dabei nie eine gute Idee. Denn die Probleme werden nicht kleiner, wenn man versucht, sie auszublenden. Es gibt aber wirklich Menschen, die immer nur das Negative sehen. Da stellt sich irgendwann die Frage, ob es für einen persönlich Sinn macht, sich mit dieser schlechten Energie zu konfrontieren.

Ich habe bei Coachings in NETZWERK Partnerunternehmen die Erfahrung gemacht, dass diese Personen nicht selten bekannt sind. Und dass die Verantwortlichen auch wissen, dass sie schlechte Stimmung verbreiten. Und was das mit dem Spirit im Betrieb macht. Dennoch lassen sie sie häufig gewähren. Wenn ich das anspreche, ernte ich häufig ein entschuldigendes Schulterzucken. Nach dem Motto: Der oder die ist einfach so. Ja, da kann man nichts machen.

Das ist falsch. Ich gehe so weit, zu behaupten, dass es im Interesse – und insbesondere in der Verantwortung – von Führungskräften und Unternehmern liegt, gegen diese Brunnenvergifter vorzugehen. Was ist zu tun?

Ich möchte über niemanden vorschnell den Stab brechen. Deshalb ist der erste Schritt immer, diese Leute unmissverständlich darauf hinzuweisen, dass es inakzeptabel ist, wenn sie sich über ihre Kolleginnen und Kollegen, die Firma, für die sie arbeiten, oder deren Produkte und Leistungen abfällig äußern. Ein absolutes No-Go. Das ist eine Selbstverständlichkeit, dass ich so etwas nicht tue, wenn ich bei jemand auf der Payroll stehe. Dennoch hat es sich bei einer oder mehreren Personen in vielen Unternehmen so eingeschliffen, dass es der- oder diejenige irgendwann als Gewohnheitsrecht betrachten, sich über den Arbeitgeber den Mund zu zerreißen. Nach ein paar Jahren traut sich keiner mehr ran, obschon es sich in der Regel keineswegs um Leistungsträger handelt, die solcherart die Atmosphäre im Betrieb vergiften.

Am Ende heißt es, konsequent zu sein. Zumal ich sagen muss, dass in den Fällen, die ich mitbekommen habe, nicht selten jede Einsicht fehlt. Also: klare Ansage = gelbe Karte. Dann, im Wiederholungsfall, konsequentes Handeln = rote Karte. Und, ja, ich weiß, das kostet Geld und wirft zudem das Thema der Nachbesetzung auf.

Aber, wie oben erläutert, sollten wir Probleme nicht aufschieben oder uns wegducken. Viel zu hoch ist das Risiko, dass sich dieser negative Geist im Unternehmen ausbreitet. Und, letzten Endes hat es doch auch etwas mit Selbstachtung zu tun: Niemand von uns sollte zulassen, dass das, wofür man selbst jeden Tag von morgens bis abends und zum Teil verbunden mit persönlichen Risiken arbeitet, von jemand, den man auch noch bezahlt, lächerlich gemacht wird.

**Führung bedeutet,
immer wieder
neue Wege zu gehen.**

Führung bedeutet, immer wieder neue Wege zu gehen. Mit den Mitarbeiterinnen und Mitarbeitern. Wenn die uns aber folgen sollen, liegt es an uns, durch Offenheit und auch Anerkennung bzw. Wertschätzung eine positive Grundhaltung zu etablieren, die zum Ausdruck bringt: Wir können es gemeinsam schaffen, wir können etwas Besonderes sein! Hier, in unserem Team, mit unseren Kunden.

Das geht nicht, wenn dauerhaft Brunnenvergifter mitgeschleift werden. Dabei geht es nicht darum, dass die Kolleginnen und Kollegen Angst vor Fehlern haben sollen. Angst ist immer ein schlechter Begleiter. Denn sie lähmt, erstickt Freude und positive Energie und bremst.

Es geht um Eigenverantwortung. Wenn wir es schaffen, im Unternehmen einen Geist zu etablieren, dass jeder Mitarbeiter und jede Mitarbeiterin an sich den Anspruch hat, die Gemeinschaft und den Betrieb im Ergebnis durch seinen/ihren Anteil voranzubringen, dann haben wir Großes geleistet. Denn dieser Dynamik können sich auch Neuankömmlinge schwerlich entziehen. Beziehungsweise wirkt diese Haltung auf potenzielle, weitere Brunnenvergifter wie ein Stopp-Schild. Nach dem Motto: Du willst voll mitziehen und Freude an der gemeinsamen Leistung haben? Dann bist Du hier richtig. Alle anderen gehen besser woanders hin.

Natürlich passieren Fehler. Die passieren mir – so wie jedem anderen. Wichtig ist, wie ich selbst damit umgehe. Mir hat eine Unternehmerpersönlichkeit in den 90er Jahren einen für mich prägenden Satz gesagt: „Fehler kann man machen. Aber mehr als einmal den gleichen Fehler zu machen, das ist Dummheit." Genauso ist es.

Man sollte sich schon regelmäßig selbst analysieren und sagen: Was hat gepasst, was war vielleicht auch gut und was war schlecht? Und wenn es schlecht war, dann sollte man es sich auch nicht schönreden. Sondern sich klarmachen: Warum ist der Fehler passiert, wie kann ich ihn vermeiden? Und auch hier ist ganz wichtig, nicht an der Oberfläche zu kratzen. Wenn ich nämlich bereit bin, den Dingen – auch den unerfreulichen – wirklich auf den Grund zu gehen, dann werde ich zwangsweise herausfinden, dass es fast nie die Umstände waren, die zum Fehler geführt haben. Sondern eine falsche Einschätzung. Das kann schmerzen in der Einsicht. Lässt sich aber abstellen.

In unserer Türen-, Fenster- und Sonnenschutzbranche haben wir immer mehr Chancen als Risiken. Das liegt für mich klar auf der Hand. Gut ablesen lässt sich das an einigen zentralen Trends, die Verbraucher im 21. Jahrhundert beeinflussen und auf die ich im Folgenden unter dem Aspekt eingehen möchte, was sie für unsere Leistungen bedeuten.

Der erste Punkt lässt sich subsumieren unter den Begriffen „Nachhaltigkeit, Klimawandel, Umwelteinwirkungen". Dabei ist es insbesondere wichtig, die bauphysikalische Gesamtsituation am Bauteil Fenster und an der Türe selbst so zu erfassen, dass man in der Lage ist, dem Kunden und der Kundin die für sie entscheidenden Faktoren so zu präsentieren, dass sie Lust machen auf das, was ich als Betrieb dazu in petto habe.

Stichwort Komfort: Hell durch Transparenz – Weißgläser und Scheiben mit hohem g-Wert sorgen für die gewünschten Tageslichteinträge und lassen im Winter wärmendes Sonnenlicht in den Raum. Klar: In

Fassaden mit Südorientierung ist das nicht das richtige Setting bzw. empfiehlt sich sommers ein am besten automatisiert in Abhängigkeit vom Sonnenstand gesteuerter Sonnenschutz. Ihre Kundinnen und Kunden respektive diejenigen Ihrer Fachhandelspartner genießen somit nicht nur ein Mehr an Behaglichkeit, sondern sparen gleichzeitig richtig Heiz- bzw. Kühlenergie. So lässt sich Mehrwert verkaufen und Begeisterung für unsere, für Ihre Produkte wecken.

Stichwort Ressourcenschonung: Es gibt heute für alle Rahmenmaterialien sehr gute Recyclingkonzepte, die Kunden ein gutes Gefühl bei ihrer Kaufentscheidung geben. Dieses Thema sollten wir nicht auf die leichte Schulter nehmen, weil das Bewusstsein für Ressourceneffizienz bei künftigen Generationen noch wächst. Übrigens, dies als Einschub, bietet dieses Themenfeld großes Potenzial, wenn es darum geht, junge Mitarbeiterinnen und Mitarbeiter der vielzitierten Generation Z ans Unternehmen zu binden – nur bitte nicht als Umweltbeauftragte, sondern mit der Zielsetzung die eigene Qualifizierung hinsichtlich der vielfältigen Umweltwirkungen idealerweise mit Verkaufserfolgen in der Zielgruppe der ökologisch aufgeklärten Interessenten zu verknüpfen. CO_2-Einsparung ist ebenfalls in aller Munde und hochgradig relevant für unsere modernen Bauelemente, die Wärmeenergie im Raum halten. Klarer Fall, der Aktualitätscheck im Bereich „Grün" bekommt einen Haken.

Was für Trends haben wir sonst noch? Neben vielen Vorhersagen, die sich kontrovers diskutieren lassen, ist eine Entwicklung längst offensichtlich, nämlich das Altern der Gesellschaften in so gut wie allen westlichen Industriestaaten. Gleichzeitig stellen die Menschen heute andere Anforderungen an das Leben jenseits der 70 Jahre. Viele wollen ganz selbstverständlich so lange wie möglich selbstbestimmt leben, und das heißt dann eben auch: Am liebsten in den eigenen vier Wänden.

Das Besondere an den heutigen Generationen der Baufamilien, das bestätigen ganz viele aus ihren Beratungen, ist der Weitblick, mit dem sie schon jetzt – selbst oftmals erst Ende 30, Anfang 40 – die daraus resultierenden Vorgaben für die eigene, möglichst lange genutzte Immobilie auf der Karte haben: niveaugleiche Übergänge ohne Stolperschwellen, Fenstergriffe, die auch sitzend erreichbar oder aufgrund automatisierter Bedienbarkeit gänzlich obsolet sind, allenfalls die Einbindung von Funktionen wie Verdunkelung, Öffnen der Haustüre und Aktivieren des Fensterlüfters in die Gebäudeautomation.

Hier ist mein Wunsch, dass wir diese Themen aufnehmen und ganz bewusst in unsere Verkaufsstrategie einbeziehen. Bei der demografischen Entwicklung sprechen wir über ein Phänomen, das zu den ganz seltenen Fällen gehört, in denen wir regelrecht eine Garantie haben, was die Auswirkungen angeht. Machen Sie sich zu einem Spezialisten für barrierefreie Fenster- und Türelemente, indem Sie Ihr Portfolio auf einen marktkonformen Stand bringen und vertrieblich diese Themen hoch priorisieren. Sei es für das Objektgeschäft, wenn Sie dort tätig sind, mit Alten- und Pflegeheimen und Konzepten für betreutes Wohnen. Sei es im Endkundengeschäft oder indem Sie Ihre Fachhandelspartner entsprechend auf die Spur setzen. Denn: Die Bauherrschaft denkt längst so, wie wir das ebenfalls mit unseren Mitarbeiterinnen und Mitarbeitern verinnerlichen müssen. Wie hoch ist denn der fällige Aufpreis für die genannten Zusatzausstattungen und was macht das, aufs Jahr gerechnet, für die nächsten 40 Jahre aus?

Selbst ein um 10.000 Euro höherer Kaufpreis bedeutet für den Kunden/die Kundin bei einer Lebensdauer von bestimmt 40 Jahren für alle unsere Produkte eine jährliche Mehrbelastung von sage und schreibe 250 Euro. Im Monat auf den Lebenszyklus der Fenster und Türen gerechnet rund 20 Euro. Machen wir das so und weiß das auch der Fachhandel und die Wiederverkäufer oder der Bauelementehandel? Jeden Tag? Bei jedem Verkaufsgespräch? In jeder Beratung?

> „Die Gespräche und das fachspezifische Coaching mit Oli Frey hat unserem mittelständischen Unternehmen neue Möglichkeiten aufgezeigt, gezielte Maßnahmen zur Ergebnisoptimierung sehr erfolgreich umzusetzen."
>
> Norbert Hölscher
>
> Geschäftsführer Hölscher GmbH

Dazu kommt, dass solche Dinge in den nächsten Jahren zunehmend aktiv nachgefragt werden: Der Fenster- und Türenbranche wird hier das Thema „Mehrwert verkaufen" auf dem Silbertablett serviert. Wir müssen wirklich nur zugreifen. Denn: Wir tun den Menschen hier wirklich etwas Gutes! Das wird niemand bestreiten, der mal gesehen hat, wie ein Rollstuhlfahrer bzw. eine Rollstuhlfahrerin verzweifelt versucht haben, eine (von der Norm nur noch in Ausnahmefällen akzeptierte) Zwei-Zentimeter-Schwelle zu überwinden.

Aber das ist natürlich nicht alles. Nehmen wir das Thema Schallschutz. Legen wir zugrunde, dass mit Blick auf die städtebauliche Verdichtung, zu der es vielerorts aus Platzgründen keine Alternative gibt, Gebäude – egal ob Office oder Residential – immer dichter an

Verkehrsflächen heranrücken, dann liegt auch hier auf der Hand, dass ein erheblicher Bedarf auf uns zukommt.

> ## Der Mehrwert muss fühlbar und erlebbar sein.

Aber: Ich muss das Thema bildlich darstellen, ich muss es nachvollziehbar, noch besser: nachfühlbar machen. Das sind Dinge, die uns im Verkauf Chancen bieten, die wir nicht links liegen lassen dürfen, wenn wir wirklich Jäger sein wollen. Jäger nach höheren Erträgen. Ich habe immer versucht, Brücken zu bauen, den Mitarbeiterinnen und Mitarbeitern und dann natürlich den Kunden.

In einem meiner Coachings war mir aufgefallen, dass das entsprechende Unternehmen viele neue Elemente in ein ortsnahes Baugebiet liefert. Leider handelte es sich in (zu) vielen Fällen lediglich um die Basisvariante, und natürlich versuchte ich, die Gründe zu verstehen und Abhilfe zu schaffen. Im Gespräch mit zahlreichen Kolleginnen und Kollegen aus der Vertriebsmannschaft fand ich heraus, dass auch von ihnen viele dort gebaut hatten und schon eingezogen waren. In den Neubaugebieten ist es ja so, dass sich der Status von Haus zu Haus unterscheidet. Während die eine Immobilie noch im Bau ist, wohnt nebenan bereits eine junge Familie. Genau das bestätigten mir die Mitarbeiterinnen und Mitarbeiter meines Kunden: Grundsätzlich waren sie allenthalben zufrieden mit ihrer Wohnortwahl. Fast alle echauffierten sich aber über die Lärmbelästigung, zum Teil auch nach Feierabend oder am Wochenende, weil zu dem Zeitpunkt viele Häuser noch Baustelle waren.

Alleine der Lkw-Verkehr verursacht natürlich Lärmemissionen, die die Lebensqualität schon erheblich beeinträchtigen können. Ich fragte natürlich, ob sie das auch in ihren Verkaufsgesprächen thematisierten. Schließlich wollten viele der Interessenten, die Fenster bestellten, ihr Häuschen genau dort errichten und würden dasselbe wie sie selbst feststellen. Nun ist Lärmschutz durchaus zu erklären, mit Dezibel und der Wirkung des höherwertigen Glases. Aber so richtig überzeugend wollte das in vielen Fällen nicht gelingen. Wir haben dann für die Ausstellung einen Demonstrator gebaut, mit dem sich die Wirkung moderner Schallschutzfenster unmittelbar erklärt hat.

Ergebnis: Die Wirkung unserer entsprechenden Fenster mit dem Mehrwertfeature hat sich im Verkaufsgespräch sofort erschlossen. Und löste von da an bei vielen den beabsichtigten Reflex aus: Will ich wirklich die nächsten 40 Jahre auf Ruhe verzichten, weil ich jetzt einmal zu geizig bin, den Mehrpreis zu investieren? Ganz ehrlich, und das sage ich nicht, weil ich es verkaufen will: Die Rechnung, wegen einer Handvoll Euro dauerhaft auf Lebensqualität zu verzichten, geht doch für niemanden auf. Und das rüberzubringen, ist aus meiner Sicht Dienst am Kunden. Überraschenderweise war das im vorliegenden Fall für keinen der Verkäufer groß Thema, obwohl sie doch selbst am eigenen Leib spürten, wie ärgerlich der Verzicht auf Schallschutz ist.

Mich hat es in der Überzeugung bestärkt, dass wir Dinge veranschaulichen müssen. Es sind nicht die technischen Werte und das dahinterliegende Fachchinesisch, die uns dabei helfen, unsere Botschaften beim Kunden platziert zu bekommen. Hier können Produktwissen und technische Expertise sogar gelegentlich dem

Verkaufserfolg im Weg stehen! Wir müssen den Unterschied klarmachen. Was bringt mir ein modernes Schallschutzfenster – und womit muss ich ein halbes Leben lang klarkommen, wenn ich mich dagegen entscheide? Gegebenenfalls rechnen wir dem Kunden bzw. der Kundin die Mehrkosten vor. Aber dann bitte korrekt. Nämlich umgerechnet auf das Jahr bei einer durchschnittlichen Nutzungsdauer von dreieinhalb bis vier Jahrzehnten. Wenn wir an unseren Erträgen arbeiten wollen, dürfen wir diese Chancen nicht liegen lassen. Denn die Produkte unserer Branche sind so gut, dass sich pro Bauelement in der Regel nur einmal die Gelegenheit bietet, eine hochwertige Zusatzausstattung zu verkaufen.

Mehrwertverkauf sorgt für Kundenzufriedenheit.

Machen Sie sich das klar. Und nehmen Sie Ihr Verkaufspersonal mit auf die Reise für den Mehrwertverkauf, die letztlich die dauerhafte Kundenzufriedenheit zum Ziel hat. Denn: Was wird ein erheblicher Teil der Kunden sagen, wenn er sich nach dem Einzug darüber ärgert, dass ihm gefühlt nachts die Lkw um die Ohren fahren? Genau, er wird sagen: Bei der Firma X bin ich falsch beraten worden.

Was denken Sie, was die Folge ist, wenn er oder sie sich im Nachhinein informiert und dann herausfindet, dass es eine Lösung für genau dieses Problem gegeben hätte, die einen überschaubaren Aufpreis gekostet hätte? Und sein Nachbar oder Arbeitskollege, die bei einem Mitbewerber gekauft haben, genau zu diesem Punkt beraten wurden und diesen Mehrwert auch gekauft haben. Er bzw.

sie wird sich noch mehr ärgern – und eines ganz bestimmt nicht tun: Sie weiterempfehlen. Und das, obwohl Ihre Fenster vielleicht tadellos funktionieren, super eingebaut sind und toll aussehen! Die höherwertige Ausstattung zu verkaufen, hätte folglich eine ganze Menge mehr bewirkt, als Ihnen einen höheren Ertrag zu bescheren. Dafür sensibilisieren wir im NETZWERK die Teilnehmer in unseren Coachings und der Workshopreihe „Verkaufen heute".

„Für unser mittelständisches Familienunternehmen ist das professionelle Coaching und die strategische Zusammenarbeit mit Herrn Frey sehr gewinnbringend. Wir werden zusammen auch unsere vertriebliche Ausrichtung in unserem Fensterbauunternehmen weiter forcieren."
Jörg Grünbeck
Geschäftsführung Fenster- & Türenbau Grünbeck GmbH

Am Ende hat all das oft mit der enormen Bedeutung unserer Produkte zu tun, die sich kurioserweise die Fenster- und Türenbranche häufig selbst nicht vor Augen führt. Ein modernes Fenster ist das Funktionselement im Raum, in dem sich Behaglichkeit, Ästhetik, aber auch ganz praktische Dinge wie Sonnenschutz, Insektenschutz, eine komfortable Bedienung und natürlich die Themen Sicherheit und Schallschutz verbinden. Wenn es uns gelingt, diese Bedeutung mitzuverkaufen, dann haben wir das Thema Verkaufspreis weit hinter uns gelassen und es steht nicht mehr im Mittelpunkt.

Zielsetzung ist es immer, dass der Kunde oder die Kundin – sei es in Ihren eigenen oder in den Räumlichkeiten Ihrer Fachhandelspartner – mit einem guten Gefühl die Tür hinter sich schließt. Wir müssen dafür nicht mehr tun, als unserer Begeisterung Ausdruck zu verleihen – und zuvor sicherstellen, dass wir die Grundvoraussetzungen geklärt haben.

1. Wir wissen, was der Kunde/die Kundin möchte. Klar: Deshalb dürfen und sollen wir ergänzende Angebote machen, nicht zuletzt auch um die Kompetenz des Unternehmens zu zeigen, das alle Wünsche (selbst die unbewussten!) rund um moderne Bauelemente erfüllt. Doch respektieren Sie bitte, was der Kunde haben will, und stellen Sie ihm nicht ein Dutzend verschiedener Fenster vor. Sonst wird er am Schluss gar keine Kaufentscheidung treffen, weil er einfach verunsichert ist.

2. Klären Sie ab, welches Budget sich der Kunde für die geplante Investition gegeben hat. Auch das ist ein zentraler Punkt. Es macht keinen Sinn, Ihrer beider Zeit zu verschwenden, wenn das Budget nicht zu dem passt, was Sie anbieten können. Sollte es so sein, sprechen Sie es an. Das ist, sofern es in der gebotenen Weise passiert, nicht unhöflich, sondern professionell.

Die Chance, dass Sie der Kunde aktiv weiterempfiehlt – oder eben Ihren Distributionspartner – ist intakt, sofern Sie ein gutes Verkaufsgespräch geführt haben und das im Nachgang gelieferte Produkt, ob Fenster, Haustüre oder Sonnenschutz, dem entspricht. Ist es Ihnen dagegen gelungen, den Kunden mit etwas Neuem zu überraschen, ihm vielleicht sogar eine Lösung aufzuzeigen, die er nicht im Blick hatte – Fenster mit Schallschutzglas, verschiedenen Sicherheitsstufen oder einem Sonnenschutz mit Lichtlenkoption

– dann steigt diese Chance auf Weiterempfehlungen signifikant. Denn dann haben Sie seine bzw. ihre Erwartungen übertroffen.

Überraschen Sie
Ihre Kunden mit etwas Neuem.

Wenn ich im Buch aufgeführt habe, dass eine zu tiefgehende Produktkenntnis manchmal sogar dem Verkaufserfolg im Weg stehen kann, dann gilt das explizit nicht für Mehrwertaspekte, die der Kunde womöglich deshalb nicht eingeplant hat, weil er nicht weiß, dass diese Möglichkeiten bestehen. Diese Optionen im Gespräch aufzuzeigen, und zwar verbunden mit dem Hinweis auf die Nutzungsdauer von mehreren Jahrzehnten, ist genau das, was guten Vertrieb auszeichnet.

Wenn der Kunde dann noch das Gefühl hat, dass ihm nicht nur ein Marktschreier gegenübersteht, der einfach seinen ganzen Bauchladen anpreist, sondern ein verständiger Verkäufer, der punktgenau auf seine Wünsche eingeht und weiß, wie er diese erfüllen kann, ist vieles auf dem richtigen Weg. Aber bitte, stehen Sie sich nicht durch ein untaugliches Wording im Weg: Wenn es um Sicherheit für die Liebsten geht, berichten Sie gerne von Einbruchprüfungen, bei denen zum Teil ein Erwachsener samt entsprechendem Werkzeug nach mehreren Minuten mit den Kräften am Ende, aber das Fenster immer noch sicher verschlossen ist. Weisen Sie, ganz unabhängig von materiellem Schaden, auf die traumatische Erfahrung hin, wenn Menschen sich plötzlich in ihren eigenen vier Wänden einem Einbrecher gegenübersehen. Erwähnen Sie das Verhältnis von Mehrkosten für die Sicherheitsausstattung zum Schaden, der entstehen kann, weil heute auch Versicherer genau auf die Vorkehrungen an der aufgebrochenen Immobilie blicken, ehe sie die jeweilige Schadenssumme freigeben.

Aber bitte, tauchen Sie nicht zu tief in die Welt der genormten Fachbegriffe ein. Den Kunden interessiert nicht, wie die Features heißen, sondern inwiefern sie zu seiner Sicherheit beitragen. Er möchte das Gefühl aus dem Verkaufsgespräch mit nach Hause nehmen, dass er in die Sicherheit seiner Liebsten investiert hat.

Absolute Sicherheit und ein 100-prozentiger Schutz bleiben Illusion. Aber genauso klar ist: Nach polizeilichen Angaben werden Einbruchversuche zu einem sehr hohen Prozentsatz abgebrochen, wenn das Element nach 120 Sekunden keine Anstalten gemacht hat, nachzugeben. Dann braucht Ihr Kunde ein neues Fenster, zahlt je nach Police die Versicherung, aber bleibt sein Hab und Gut und vor allem seine Gesundheit bzw. die seiner Lieben heil. Das ist das, was Sie seriöserweise anbieten können. Lassen Sie diese Gelegenheit nicht ungenutzt verstreichen und tun Sie Gutes.

Diesen Blickwinkel vermittle ich den Teilnehmerinnen und Teilnehmern in unseren Coachings. Das gibt ihnen auch mental das richtige Rüstzeug. Denn wir treten dem Kunden, der Kundin bzw. dem Interessenten, der Interessentin nicht als Bittsteller gegenüber. Wir haben wirklich ein Pfund, mit dem wir wuchern können. Das meine ich, wenn ich von der Bedeutung des Fensters oder unserer Haustüranlagen spreche.

Deshalb sind Fortbildungen unerlässlich. Und ganz sicher nicht minder wichtig, unternehmerisch gesehen, als Produktschulungen.

Unternehmen, die ihre Fachhandelspartner für qualifizierten Mehrwertverkauf schulen, wie ich ihn in meinen Coachings vermittle, haben großes und zum Teil bisher nicht ausgeschöpftes Potenzial. Denn eines möchte ich betonen: Der Anspruch, den ich selbst hatte, nämlich dass am Ende die Zahlen Wahrheit sprechen, den lege ich natürlich auch an die von mir in meinem NETZWERK erbrachten Dienstleistungen an. Ob ein Coaching gut war, lässt sich hinterher ablesen, da muss nicht viel interpretiert werden.

Schade ist es, wenn viele Dinge im Alltagsgeschäft untergehen. Aber, Hand aufs Herz, wenn ich Sie frage: Würden Sie jeden Vertriebsmitarbeiter zwei Tage für eine Weiterqualifizierung freistellen, wenn sich dadurch Ihr Ergebnis nachhaltig steigert? Dann, denke ich, würden die Wenigsten da lange darüber nachdenken. Mal ganz abgesehen davon, dass Sie damit als Unternehmer oder als Führungskraft der Mitarbeiterin und dem Mitarbeiter signalisieren: Du bist wichtig für mich. Für unser Unternehmen. Ich habe hohe Erwartungen an Dich. Deshalb unterstütze ich Dich. Es gibt für den und die, die dauerhaft erfolgreich sein wollen in der Fenster- und Türenbranche, keine Alternative dazu, ihr Unternehmen kunden- und vertriebsorientiert auszurichten. Dabei unterstütze ich meine Kooperations- und Fensterbaupartner im NETZWERK. Natürlich mit den entsprechenden Ergebnissen.

„Die durch Herrn Oliver Frey erstellten Analysen sowie das umfangreiche kompetente Coaching waren für unser Unternehmen und mich bereits nach kurzer Zeit gewinnbringend."
Stephan Quill
Geschäftsführer Evers Bauelemente Rothenburg/OL GmbH

Weitere Argumente wird uns hier als Branche auch die Politik an die Hand geben. Davon bin ich überzeugt. Auch wenn immer mal wieder etwas mehr Verlässlichkeit und Kontinuität statt ständiger Kurswechsel wünschenswert wäre. Am Ende führt kein Weg daran vorbei, dass für den Austausch von Fenstern mit schlechter Isolation und teilweise noch Einfachglas gegen moderne, leistungsstarke und energetisch überzeugende Bauelemente Subventionen fließen werden und auch wieder KfW-Darlehen zur Verfügung stehen. Anderenfalls sind die Klimaziele, zu denen sich ja mehr oder minder alle großen Parteien bekennen, schlicht nicht erreichbar.

Was mich ärgert, ist, dass den Leuten punktuell lieber suggeriert wird, sie dürften ihre Heizung im Winter mit Blick auf die Unsicherheit in der Energieversorgung nicht aufdrehen, als sie dazu anzuhalten, ihre Immobilien so auszustatten, wie es längst Stand der Technik, ressourcenschonend und vernünftig für den eigenen Geldbeutel ist. Aber auch hier gilt: Ich bin zuversichtlich, dass die angesprochenen umwelt- und energiepolitischen Entwicklungen am Ende unserer Branche in die Karten spielen.

Es gibt keine vernünftige Alternative. Und es ist, nebenbei bemerkt, auch nicht übermäßig sinnvoll, hohe Beträge – für den Einzelnen wie für uns alle als Steuerzahler – in modernste Heizkesseltechnologie zu investieren und dann wie bisher zum (geschlossenen) Fenster rauszuheizen. Auch das wird im Übrigen dazu führen, dass nach Einschätzung der gängigen Marktforscher die Sanierung bei vielen Fenster- und Türenherstellern noch mehr in den Fokus rücken wird. Auch hier unterstützen wir unsere NETZWERK Partner dabei, sich im Vorfeld entsprechend zu positionieren. Mit den richtigen Produkten, Antworten auf den erwartbaren Bedarf in der Sanierung und der passenden Kundenansprache. Aber auch technisch wird die Entwicklung nicht stehenbleiben. Wenn das Fenster, was logisch ist, zunehmend als Energiesparelement wahrgenommen wird, vielleicht kommt dann auch bald Vierscheiben-Isolierglas oder Vakuum-Isolierglas.

Machbar ist das schon heute. Es hängt nicht zuletzt von den Rahmenbedingungen, insbesondere der Energiepreisentwicklung, ab, ob diese Lösungen den Weg in den Massenmarkt finden. Denkbar ist es allemal, das hat uns die jüngste Vergangenheit vor Augen geführt. Wir, als Fenster-, Türen- und Sonnenschutzbranche, haben bewiesen, dass wir in der Lage sind, uns auf neue Gegebenheiten einzustellen. Die Lösungen für diese Herausforderungen haben wir in der Hand. Davon Gebrauch zu machen und, sei es bei Sortimentsanpassungen oder anderweitigen Akzentverschiebungen, die Strukturen in den Unternehmen und den Vertrieb darauf auszurichten, erfordert Konsequenz und Mut. Wenn wir beides aufbringen, davon war ich immer überzeugt und bin es heute mehr denn je, hält unabhängig von den gerade diskutierten Konjunkturdaten und leider manchmal inflationären Negativschlagzeilen in der Presse die Zukunft weitaus mehr Chancen als Risiken für uns bereit.

Die Stimmung
bei den NETZWERK Partnern
ist immer etwas besser.

Warum ist bei den Unternehmen im NETZWERK die Stimmung tendenziell immer etwas besser? Viele von ihnen gehen gut präpariert in die nächsten Jahre. Wir haben uns im Rahmen unserer Unternehmer- und Mitarbeitercoachings die Abläufe bei

Kooperations- und Fensterbaupartnern genau angesehen. Haben an der einen oder anderen Stellschraube nachjustiert und manchmal auch einen umfassenderen Veränderungsprozess eingeleitet und begleitet. Aber jedes dieser Unternehmen ist gestärkt aus dieser Phase herausgegangen. Sowie im Bewusstsein, dass Veränderung und die stetige Bereitschaft dazu – aber immer eingebettet in eine Gesamtstrategie, nicht als Herumdoktern an einzelnen Symptomen – die wichtigsten Erfolgsfaktoren überhaupt sind.

Stress ist das Ergebnis von Überforderung.

So gesehen gilt auch hier: Als Führungskraft und Unternehmer bin ich gut beraten, genau diese Dynamik und Agilität meinen Mitarbeiterinnen und Mitarbeitern wirklich vorzuleben. Sie mitzunehmen auf die Reise. Aber sie mitzunehmen, das bedeutet eben auch, sie mit den Problemen und Anforderungen gerade nicht alleine zu lassen. Deshalb machen wir ja die Coachings – und das ist erfreulicherweise auch das Feedback, das wir darauf bekommen: Dass wir die Teams mitnehmen. Und jede einzelne Person. Denn nach dem Gruppencoaching am ersten folgt am zweiten Tag wirklich ein 30-minütiges Einzelcoaching mit jeder Kollegin und jedem Kollegen. Ich werde oft gefragt, wenn mich Leute anrufen: „Und, Oli, hast Du Stress?" Ich mache, abgesehen von der heißen Phase vor unseren Veranstaltungen, in der mir meine Frau aktuelle Teilnehmerübersichten zum Anmeldestand zur Verfügung stellt, ja wirklich bisher alles weitgehend alleine bzw. in Zusammenarbeit mit unseren Dienstleistern und meinem Juniorenteam. Aber Stress? Stress ist für mich das Ergebnis von Überforderung.

Und genau darum geht es in unseren Workshops, den Mitarbeiterinnen und Mitarbeitern Hilfestellungen zu geben, damit sie ihre Ziele erreichen. Dazu ist es aber auch wichtig, das, was man tut, realistisch einzuschätzen. Ergebnisse, gerade auch die, die hinter den Erwartungen zurückgeblieben sind, gilt es zuallererst mal zur Kenntnis zu nehmen. Denn sonst ist es schwierig, an deren Verbesserung zu arbeiten. Dabei geht es mir explizit nicht darum, den Vertriebsmitarbeiter beim Coaching auf den Kopf zu stellen, wie ich es den Leuten immer erkläre. Sie sollen ihre Persönlichkeit behalten, nicht den Coach Oliver Frey kopieren. Ich habe dann performt, wenn sie sich persönlich weiterentwickeln, ohne sich zu verbiegen. Denn genau dann stimmen die Ergebnisse.

Das funktioniert nicht in allen Fällen gleich. Menschen sind nunmal unterschiedlich, genauso wie Firmen. Ich bringe meine Erfahrungen aus rund 35 Jahren in der Fenster- und Türenbranche ein. Dabei habe ich einige Rezepte im Gepäck, die sich nicht nur sofort anwenden lassen, sondern Ergebnisse liefern. Eines sage ich den Leuten aber auch: Sich zurückzulehnen, das gibt es bei mir nicht. Ich spreche mich, auch bei Unternehmern und Führungskräften, stets dafür aus, gute Mitarbeiterinnen und Mitarbeiter am Erfolg zu beteiligen. Und ich erwarte von allen im Team, dass jeder zu 100 Prozent bei der Sache ist. Das muss der Anspruch sein, den jeder und jede an sich hat: Dass ich mich danach im Spiegel anschauen kann und sagen kann – das war's, ich habe alles reingelegt, war mental zu 100 Prozent da.

Denn es gibt nichts Schlimmeres, als wenn genau das nicht der Fall ist bzw. war. Wenn ich mir eingestehen muss, dass mein Fokus nicht auf der Situation lag. Aber: Auch das kann man üben. Und jetzt kommt meine wichtigste Botschaft: Training, Training, Training. Ganz ehrlich: Warum ist einer in der Weltrangliste, meinetwegen im Tennis, die Nummer 5, 7 oder 9. Gewinnt Turniere, das sicherlich. Aber steht eben nie ganz vorne, ganz oben, auf Platz 1. Der Unterschied ist genau das: Wenn ich top sein will, dann muss ich wirklich volles Commitment liefern, alles auf dem Platz lassen, wie es im Tennis oder Fußball so schön heißt. Das versuche ich den Teilnehmerinnen und Teilnehmern zu vermitteln – und den Unternehmern. Denn das eine Pro forma-Coaching in zwei Jahren, das ist zu wenig. Wenn ich wirklich top sein will, muss ich mich immer wieder neu informieren, muss aktuelle Trends mit einbeziehen. Auch die Forschung bleibt nicht stehen, ich als Mensch verändere mich.

Das macht den Unterschied:

Training, Training, Training.

Deshalb ist Erfolg auch mehr als Glück. Sicher läuft es mal nicht nach Wunsch. Aber: Bin ich darauf vorbereitet? Kann ich die Situation handeln? Oder verliere ich meinen Plan aus den Augen? Das trainieren wir. Intensiv. Am ersten Tag in der Gruppe, am zweiten Tag in Einzelcoachings. Und da erfahre ich schon einiges über die jeweilige Person:

- Was sie vielleicht hemmt.

- Was sie womöglich auch an Möglichkeiten und an Bestätigung bzw. Wertschätzung in ihrem beruflichen Umfeld vermisst.

- Aber auch, wie weit es mit ihrer Selbsteinschätzung her ist. Und mit der Bereitschaft, dazuzulernen. Ausgetretene Pfade zu verlassen.

Leider gibt es auch immer mal wieder Teilnehmer, die einerseits sagen, sie hätten nichts mehr zu lernen. Deren Zahlen aber andererseits weit hinter den Zielen und oft noch weiter hinter dem Potenzial zurückliegen. Keine gute Kombination.

Da gilt es dann, im Gespräch herauszufinden, ob die Person noch einmal neu „angezündet" werden kann oder nicht. Die Entscheidung, sich neu zu motivieren, an sich zu arbeiten, mit Freude an die Aufgaben heranzugehen, kann ich niemand abnehmen. Meine Aufgabe ist es, zu schauen: Was ist die Situation und warum ist sie so? Womit ich ein Problem habe, ist, wie bereits angemerkt, die Flucht aus der Verantwortung. Wenn jemand nicht willens und in der Lage ist, sich der Situation zu stellen, verweigert er in letzter Konsequenz die Zusammenarbeit. Dann zieht er sich in eine Art Panzer zurück, in dem er nicht erreichbar ist. In wenigen Fällen auch für mich nicht.

Wo schlummern
noch unentdeckte Potenziale?

Dann ist die Frage, wie damit umzugehen ist. Viel häufiger kommt es aber vor, dass ich in meinen Coachings sehr schnell spüre, wo vielleicht unentdeckte Potenziale schlummern, die nur ans Licht geholt werden müssen. Und, ganz ehrlich, es gehört zu den bereichernden Erfahrungen, die ich machen durfte, wenn es gelingt, diese Menschen „wachzuküssen". Weil ich sehe, was das mit ihnen selbst macht, wenn sie plötzlich anfangen, an sich zu glauben. Wirklich Vertrieb zu leben. Und dann, das ist die fast schon zwangsläufige Konsequenz, auch Früchte zu ernten. Natürlich ein toller Erfolg für das Unternehmen, für den eine solcherart in Gang gebrachte Entwicklung fast einen neuen, zusätzlichen und wirklich wertvollen, Mitarbeiter bzw. eine neue Mitarbeiterin hervorbringt.

Scherzhaft könnte man also sagen, manchmal finden wir für unsere Partnerunternehmen auch Mitarbeiterinnen und Mitarbeiter in den eigenen Reihen. Von denen sie nur nicht wussten, was sie für ein Potenzial haben. Gemessen am Aufwand, den ein Coaching bedeutet – ich weiß, was meine Leistung wert ist, und ich erbringe sie ausschließlich innerhalb von meinem NETZWERK – ist das eine wertvolle Entdeckung. Viele Menschen, die heute in die Unternehmen kommen, je nach Aus- und Schulbildung mit 19, 20 oder mit vielleicht 29, 30 Jahren, suchen nach einem sicheren Hafen. Tatsächlich ist es das, was auch wir immer wieder hören, wenn wir für unsere Kooperations- und Fensterbaupartner Gespräche führen. Spannend, das Ganze: Die jungen Menschen, die im Gegensatz zu früheren Generationen – bei mir war das, wie mit Blick auf meine eigene Biografie erwähnt, noch etwas spezieller – doch überwiegend recht behütet aufgewachsen sind, suchen als Erstes nach Sicherheit. Das darf man aber nicht, auch wenn mir manchmal zu oft von der Work-Life-Balance gesprochen wird, nicht mit fehlender Leistungsorientierung gleichsetzen.

Das trifft ganz einfach in vielen Fällen nicht den Kern der Sache. Stattdessen gibt es da eine ganze Menge toller, junger Leute, die ein bisschen Wertschätzung und besagte Sicherheit wollen, die aber durchaus ihre Performance bringen und natürlich auch in vielerlei Hinsicht neue Akzente setzen. Worum es mir geht: Auch hier besteht überhaupt kein Grund für Branchenunternehmen, sich in die defensive Haltung zu begeben – nach dem Motto: Gegen die und die Industrie haben wir doch eh keine Chance! Aus mehreren Gründen ist das unzutreffend.

Thema 1 ist die Planbarkeit. Gerade was in der Automobilbranche, die garantiert weiter vor großen Umwälzungen steht, was aber auch im Energiesektor passiert, zeigt: Gute Leistung zu erbringen in einem gut aufgestellten Unternehmen der Fenster-, Türen- und Sonnenschutzbranche, das ist für die nächsten Jahre eine ganz sichere Bank. Für die Produkte, die wir herstellen – in unseren Unternehmen – sind die Perspektiven wirklich glänzend verglichen mit dem, was auf besagte Wirtschaftsbereiche zukommt.

Thema 2 sind die Möglichkeiten, durchzustarten. Also, kurz gesagt: Stabiles Marktumfeld, Check. Die Chancen, mit Mehrwertverkauf den Unterschied zu machen, Check. Die (für viele heutzutage wichtige) Gewissheit, in den Bereichen Recycling, Energieeinsparung, Ressourcenschonung auf der richtigen Seite zu stehen, Check! Bleibt eigentlich nur:

Thema 3 ist die Bereitschaft, sich zu öffnen. Wir als Unternehmen, die sehr gute Fenster und Haustüren und innovativen Sonnenschutz produzieren, wollen die guten Leute? Dann müssen wir uns zeigen. Aus meiner Sicht auch mehr Emotionen zulassen. Wer auf unserem NETZWERK PARTNERTAG mit einmaliger Stadionatmosphäre, wer zu den NETZWERK FENSTERTAGEN in angenehmer, gemütlicher Runde kommt, der erlebt, der erspürt, was es heißt, auch Teil einer Gemeinschaft zu sein. Und ich hoffe und wünsche mir, dass die Unternehmerinnen und Unternehmer das, was sie da bei uns mitbekommen, auch an die Mitarbeiterinnen und Mitarbeiter in ihren Betrieben weitergeben. Denn dann entsteht wirklich eine neue Branchenkultur. Weg von dem Mürrischen, Das Glas ist halb leer-Denken. Hin zu Freude und Begeisterung. Wir lachen über die amerikanischen Firmenchefs mit ihren Pep Talks, die uns unnatürlich, nicht authentisch, übertrieben erscheinen. Aber, ganz ehrlich, was machen wir denn? Versuchen wir oftmals überhaupt im Ansatz, die Leute mitzunehmen?

> ## Erfolg ist
> ## vor allem Teamwork.

Meine Erfahrung ist: Die Generation Z, das sind ganz oft Menschen, die das Gefühl haben wollen, Teil von etwas zu sein, das sich richtig anfühlt. Und das vor allem keine Ansammlung von Einzelkämpfern ist. Und das können wir. Mit unserer handwerklichen Prägung, unseren tollen Produkten, unseren bodenständigen, sympathischen Mitarbeiterinnen und Mitarbeitern. Bei den Unternehmen der Fenster- und Türenbranche dürfen die Leute nicht bloß eine Nummer sein. Dann haben wir, auch als Arbeitgeber, glänzende Perspektiven. Und die Mitarbeiter müssen natürlich so ehrlich zu sich selbst sein, sich klarzumachen: Sicher ist der Hafen am Ende vor allem dann, wenn alle daran mitwirken, dass auch die Belegung passt.

Erfolg ist, vor allem anderen, Teamwork. Gerade in dieser Branche.

XII. NETZWERK – und dann?

Die Grundeinstellung ist immer die, erst einmal vor der eigenen Haustüre zu kehren, wie man so sagt. Teil einer Gemeinschaft zu sein, bedeutet für mich, nicht gleich von Anfang an zu fragen: Was bekomme ich? Sondern zu sagen: Ich selbst kann etwas beisteuern, um mich einzubringen, und dann sollte ein Geben und Nehmen entstehen, das wirklich zu einer Win-win-win-Situation führt. Das fängt im Unternehmen an, setzt sich im Kunden-Lieferanten-Verhältnis fort und beschreibt letztlich genau den Ansatz bei uns im NETZWERK.

Wenn jeder seine Stärken einbringt, profitieren alle voneinander.

Wenn jeder, runtergebrochen auf die Situation in den einzelnen Firmen, seine Stärken einbringt, profitieren alle voneinander. Nicht zuletzt im Betriebsergebnis, sondern auch in der Sicherung der Arbeitsplätze. Aber es steckt noch mehr dahinter. Wird nicht gegeneinander, sondern miteinander und vielleicht sogar füreinander gearbeitet, entsteht das, was wir brauchen. Dann nimmt die positive Energie eine Eigendynamik an, die wirklich dazu führt, dass ich morgens gerne ins Büro gehe. Dass ich frage, was kann ich für das Unternehmen tun – und erst dann, was das Unternehmen für mich tun kann. Das bleibt zu 100 Prozent dem Kunden nicht verborgen.

Weil für ihn (und für jeden Menschen) das Gleiche gilt, was wir zuvor für mögliche neue Arbeitskräfte geschrieben haben. Am Ende wollen wir alle das Gefühl haben, Teil von etwas Positivem zu sein. Werte beim anderen zu spüren, dann bekommt auch die Zusammenarbeit ihren Wert. Es geht einfach um das Bedürfnis von Menschen, sich wahrgenommen, aufgehoben und mitgenommen zu fühlen. Diese Kultur schließt am Ende, wenn sie in einem Unternehmen angekommen ist, die Mitarbeiterinnen und Mitarbeiter, die Lieferanten- und Vertriebspartner, die Kunden ein.

Nicht falsch verstehen: Deswegen geht es immer noch um Euro und Cent. Am Ende, in Form des bestätigten Auftrags. Aber: Wenn dieser Konsens getroffen wurde, auf Augenhöhe und partnerschaftlich miteinander umzugehen, dann ist die damit einhergehende Wertschätzung eine ausgezeichnete Grundlage dafür, um auch beim Produkt, beim Service, bei der erbrachten Leistung Werte in den Vordergrund zu stellen. Und nicht Schnäppchen, die dem Gegenüber keine Luft mehr zum Atmen lassen. Das ist „Verkaufen heute" und das ist auch ein Spirit, wie wir im NETZWERK und auch bei unseren Coachings für die Kooperations- und Fensterbaupartner ihn pflegen. Deswegen spreche ich von unserer Fensterbaufamilie.

Mit dem Netzwerk-Gedanken – das Wort gab es damals noch nicht – bin ich als ganz junger Mann während meiner Zeit im textilen Einzelhandel erstmals in Berührung gekommen. Aber die Überzeugung, die dahinterstand, als ich mit meinen Kolleginnen und Kollegen unser Einkaufsbündnis etabliert habe (auch das Geschäftsfeld „Vereinssport", in der Textilbranche ebenfalls heute eine feste Größe, musste erst noch entwickelt werden), war die gleiche wie heute: Das Ganze ist mehr als die Summe seiner Teile. So ging auch in unserer Gemeinschaft, die wir damals initiiert hatten, die Kooperation bald deutlich über den reinen Einkauf hinaus.

Stattdessen holten die beteiligten Standorte alle ihre jungen Leute zusammen, legten auch bei den Investitionen ein Stück weit zusammen, und ließen uns beispielsweise Fortbildungen und Qualifizierungen in damals vollkommen unüblicher Qualität zukommen. Sie können sich vorstellen, wie uns das gepusht hat. Und damit auch das Unternehmen.

Das ist einer der Gründe, warum ich ein Freund von den Dualen Hochschulstudiengängen bin, wie sie auch in der Fenster- und Türenbranche vermehrt angeboten werden. Am Ende geht es bei aller Aus- und Weiterbildung immer um den Praxisbezug und das war auch mir immer am wichtigsten. Ich habe von diesen Möglichkeiten damals sicher in anderer Form wie heute enorm profitiert. Schlicht auch deshalb, weil ich mir das selbst nie hätte leisten können. Daher habe ich es umso mehr wertgeschätzt und wirklich versucht, das Beste daraus zu machen.

In unserer Branche kann es nur positiv sein, nach Aufhängern zu suchen, um die besten Leute künftiger Generationen zusammenzubringen. Das steigert das Bewusstsein, in einem Umfeld tätig zu sein, das tolle Möglichkeiten bietet und in dem ich es mit interessanten Menschen zu tun habe. Gleichzeitig setzt das mit Sicherheit auch neue Energien frei. Auch wir, beim NETZWERK, sind mit Niklas und Jannik durchaus offen für Konzepte, die explizit den Austausch der nächsten Generationen fördern.

Einen guten Hinweis darauf, ob das neue Teammitglied sich als Teil einer Gemeinschaft sieht oder den Satz „Geben ist seliger denn Nehmen" doch für altmodisch hält, gibt übrigens die Reaktion auf den Vorschlag, leistungsorientierte Komponenten in den Vertrag mit einzubeziehen. Dabei bin ich ein Freund davon, sowohl das Erreichen eigener als auch die Einhaltung von Gemeinschaftszielen zu honorieren. Schließlich sorgt Letzteres dafür, dass mehr das Gleiche wollen. Das macht es für Egoshooter schwierig, sich dem Teamplay zu verschließen. Wenn jemand mit einem solchen Passus ein grundsätzliches Problem hat, lässt das schon gewisse Rückschlüsse zu. Nicht zuletzt auch darauf, wie sehr er von den eigenen Fähigkeiten überzeugt ist.

Wenn ich weiß, ich bin gut im Verkauf und liefere starke Zahlen, dann freue ich mich eher über die dahinterliegenden Entwicklungsmöglichkeiten. Wichtig ist jedenfalls, dass die Entwicklung nicht nur auf einer Seite angemahnt, auf der anderen indes verweigert wird. Das kann nicht funktionieren im Sinne einer Partnerschaft.

Wer bremst, verliert.

Da will ich auch gar nicht zu hohe Erwartungen auf Niklas und Jannik in unserem Unternehmen laden. Im Augenblick haben sie Spaß daran, Gas zu geben. Sie qualifizieren sich, bringen sich ein. Und es ist für mich eine tolle Erfahrung, mit meinen Männern aus der eigenen Familie zusammenzuarbeiten. Und das meine ich ganz wörtlich. Ich unterstütze sie, sie unterstützen mich. Und ich lerne aus ihrer ganz anderen Sicht auf Themen wie Social Media und auch die heutigen Mitarbeitenden bzw. den aktuellen Arbeitsmarkt. Klar, oder: Wenn meine wichtigste Botschaft an unsere Partner lautet, in Bewegung zu bleiben, Veränderung aktiv anzugehen und dazu ausgetretene Pfade zu verlassen, kann ich nicht stehenbleiben. Das war aber auch noch nie meins.

Und wenn ich heute immer lese und höre, wie 25-Jährige gefühlt ununterbrochen davon reden, jetzt mal einen Gang zurückzuschalten, dann denke ich mir immer: Die wissen gar nicht, was das Getriebe hergibt. Nein, ganz im Ernst. Ich verstehe schon, dass man mit seinen Ressourcen auch irgendwann haushalten muss. Viel wichtiger ist aber die Antwort auf die Frage: Liebe ich, was ich tue?

Ist das nicht der Fall, sind die Energiereserven so oder so schnell aufgebraucht. Dann geht es darum, Folgendes herauszufinden: Läuft im Umfeld etwas wirklich grundlegend schief? Dann ist das nicht nur ernst zu nehmen, sondern in Anbetracht des grassierenden Personalmangels, den wir keineswegs nur in dieser Branche beklagen, aus meiner Sicht ein Mangel an Führung im Unternehmen. Entweder weil Vorgesetzte persönlich nicht geeignet sind, Mitarbeiter zu coachen, zu begleiten, zu integrieren und damit auch zu führen. Oder weil die Unternehmenskultur nicht funktioniert, bestehend aus Leistungsorientierung und Wertschätzung. Über die optimale Ausstattung, egal ob am Bildschirmarbeitsplatz oder auf der Baustelle, möchte ich hier nicht sprechen (müssen), denn das setze ich einfach voraus.

Lassen sich diese Defizite trotz sachdienlicher Hinweise – die aus meiner Sicht immer dann eine hohe Glaubwürdigkeit haben, wenn die Leistung des Hinweisgebers stimmt – nicht beheben, kann ein Unternehmenswechsel Sinn machen. Er macht dann Sinn, wenn ich sichergestellt habe, dass die Probleme nicht de facto ursächlich in mir selbst angelegt sind. Was soll das heißen? Wenn mir das, was ich tue, keine Freude bereitet, kann das daran liegen, dass ich keine wirkliche Einstellung zu Themen wie Kundenorientierung, Verkaufserfolg, dem Erreichen von Zielen finde.

Deshalb mache ich mir in meinen Coachings für unsere NETZWERK Partner von allen Teilnehmerinnen und Teilnehmern ein Bild, frage sie nach Zielen, bespreche die eigenen Ergebnisse etc. Dabei wird immer klar: Reflektiert die Person über sich selbst? Lebt sie Vertrieb? Und schlummert in ihr, was häufig der Fall ist, das Potenzial, ein guter Vertriebsmitarbeiter bzw. eine gute Vertriebsmitarbeiterin zu werden? Respektive: Was hindert sie allenfalls daran, dieses Potenzial zu heben?

Du selbst bestimmst die Grenzen.

Dabei sage ich aber auch immer: Talent ist das eine, aber alleine reicht es nicht aus, um ganz nach oben zu kommen. Meine Erfahrung bei ganz vielen ist: Wenn sie mal Blut geleckt haben, kommen sie schnell auf den Geschmack – und wollen mehr. Deshalb ist Vertrieb geil: In einem gewissen Sinn bist Du selbst es, der die Grenzen bestimmt. Ich mache das nun schon mein ganzes Leben lang, zumindest das Berufliche, und habe immer noch jeden Tag Freude daran.

Leider werden Menschen, die etwas bewegen wollen, nicht selten aus- oder eingebremst. Und das ist genau der Punkt, an dem ich an die vielen großartigen Unternehmer in unserer Branche appelliere: Denn das dürfen wir uns nicht leisten, weil wir es uns nicht leisten können.

Lasst uns dankbar sein für die Talente und besonders für die, die anschieben wollen. Die sind nicht im Überfluss vorhanden (waren es allerdings auch nie). Diese Mitarbeiterinnen und Mitarbeiter müssen wir behutsam entwickeln, ihnen Gestaltungsfreiräume bieten ohne Kontrollzwang und sie bei ihren persönlichen Zielen und Bedürfnissen abholen. Alles andere ist fahrlässig, kommt aber viel zu häufig vor. Auch weil, und das gehört auch mal angesprochen, weil der Eigenantrieb und der Elan dieser Kolleginnen und Kollegen nicht selten denen ein Dorn im Auge ist, die ihre Zeit im Büro absitzen.

Da sind wir dann schon bei einem handfesten Grund, warum viele Unternehmen in ihrer Entwicklung stagnieren. Sie liefern verlässliche Qualität, Prozesse laufen weitgehend stabil – und alle lehnen sich zurück. Das ist schade. Weil ich mich genau an dem Punkt – und zwar maßgeblich mit den Mitarbeiterinnen und Mitarbeitern (nicht nur im Vertrieb, aber gerade da), die ich beschrieben habe – aufmachen kann zu neuen Ufern. Und zwar

- mit Blick auf, rein was die Zahlen angeht, meine Unternehmensziele

- als Arbeitgeber, der mit der positiven Energie, die ich mit solchen Leuten entfachen kann, zum Powerhouse wird und damit mehr Kandidatinnen und Kandidaten dieses Formats anzieht.

Gleich und gleich gesellt sich gern. Das ist so. Wenn ich gut bin und was erreichen will, wenn ich Gas geben möchte und auf Mitarbeiter in meinem Alter treffe, die sich offenbar entfalten können und Freude an dem haben, was sie bei ihrem Unternehmen, hoffentlich einem aus der Fenster- und Türenbranche, tun – dann ist nicht nur mein Interesse geweckt. Es übt auch eine gewisse Anziehungskraft auf mich aus. Wenn wir Personalprobleme nachhaltig lösen wollen, tut eine Sichtweise not, die über das reine Löcherstopfen, in Form von Stellennachbesetzungen, hinausgeht. Welche Mitarbeiterinnen und Mitarbeiter verlassen mein Unternehmen und warum? Hier lohnt wirklich eine genauere Analyse. Doch Vorsicht: Mitunter sind die Ergebnisse schmerzhaft.

Sind es eher Leute, die sich den Anforderungen nicht gewachsen gefühlt, oder solche, die sich ausgebremst gefühlt haben? Auch hier gilt: Gute Leute zu verlieren, weil es an Entwicklungsmöglichkeiten, dem Bekenntnis zu einer Anpack-Kultur und Wertschätzung gefehlt hat, und gleichzeitig zu klagen, was nachkomme, tauge alles nichts, verrät deutlich, wo die Probleme wirklich liegen könnten. Nämlich in so einem Fall mal nicht bei der so genannten Generation Z.

Wenn Erfolg also planbar sein soll, gilt es, einige Hebel umzulegen. Vertriebsorientierung mit Leistungsanreizen und Unterstützung für die, die etwas voranbringen; Etablierung einer aktiven, wertschätzenden Unternehmenskultur mit dem klaren Ziel, Leute von außen anzusprechen, die Gas geben; klare Prioritäten auf Neukundengewinnung und Ertragssteigerung durch Mehrwertverkauf; Unternehmensziele bezogen auf die wichtigsten Kunden- und Produktgruppen, an denen sich auch dann, wenn alle anderen Strukturen geschaffen sind, die Investitionen orientieren: Das sind die Themen, an denen ich in den Unternehmer- und dann, im zweiten Step, auch Mitarbeitercoachings mit meinen NETZWERK Partnern arbeite. Die Ergebnisse sprechen für sich.

Deshalb haben wir mit vielen leistungsstarken Unternehmen der Branche eine langfristige Zusammenarbeit. Und, ja, so gesehen traue ich mir dann auch zu sagen: Die Kooperations- und Fensterbaupartner in meinem NETZWERK sind ihren Marktbegleitern vielfach schon den einen Schritt voraus, auf den es dann aber auch ankommt. Das Schöne ist: Die positive Energie, von der ich immer spreche, gibt es schon fast als Rendite obendrauf. Und, seien wir ehrlich: Es ist doch nicht überraschend. Wenn ich Dinge in Bewegung bringe, vielleicht auch wirklich ungeahnte Potenziale freilege und nach und nach merke, wie eines zum anderen passt: Dann bin ich schon drin im Flow, der sich ganz schnell im kompletten Unternehmen breitmachen kann, wenn ich das zulasse.

„Gerade in unserer Personalstruktur, den Marktverbindungen sowie in der vertrieblichen Ausrichtung helfen uns das enorme Wissen und die Marktkenntnisse von Oliver Frey extrem weiter. Unsere positive Entwicklung, sowie den Austausch auf Augenhöhe, wollen wir mit dem NETZWERK weiter ausbauen und die Zusammenarbeit mit Herrn Frey tut unserem Unternehmen einfach gut."
Gerhard Ebert
Geschäftsführer 3E Datentechnik GmbH

Die Dinge fangen an, Spaß zu machen. Und zwar mit einem neuen Mindset: Weg von dem „Noch eine Stunde bis zum Feierabend" hin zu dem „Ich freue mich darauf, heute etwas bewegen zu können". Ganz ehrlich, arbeiten müssen wir sowieso, wenigstens die Meisten unter uns. Warum also dann nicht den Spieß umdrehen und sich mit einer neu entdeckten Dynamik darauf freuen. Denn am Ende ist es das, das Geheimnis, warum es auch heute noch Unternehmen und Marken gibt, bei denen die Menschen arbeiten wollen. Und viele andere, die zunehmend verzweifelt denen nachlaufen, die vielleicht noch gar nicht wissen, was sie wollen.

> **Nur wer mit Hingabe**
> **und Liebe arbeitet,**
> **kann andere mitnehmen.**

Dieser Spirit wird sich nicht auf der Grundlage von Zwang entfalten. Das ist doch klar. Das muss aus den Menschen heraus kommen. Nur wer mit Hingabe und Liebe arbeitet, kann andere mitnehmen. Vorausgesetzt, ich werde nicht ausgebremst. So machen wir es auch in der Führung von meinem NETZWERK, mit Jannik und Niklas. Es ist einfach wichtig, dass die jungen Menschen ihre eigenen Spuren, ihren Footprint in der Branche hinterlassen, auch eigene Erfolge haben. Dann kommen sie schnell auf den Geschmack. Man muss einfach überlegen, was wir in unserer Fenster- und Türenbranche für Glück haben. Weil wir mit unseren Produkten, Services und unserer Gesamtperformance auf viele gesellschaftliche Fragen überzeugende Antworten haben.

Darum würden uns andere Industriezweige beneiden. Wenn ich lese, dass 2035 vielleicht das letzte Auto mit Verbrennungsmotor vom Band läuft. Dass in Nachbarländern Fahrverbote für Elektrofahrzeuge diskutiert werden. Dann kann ich nur mit dem Kopf schütteln über den Pessimismus, den einige – mit welchen Motiven auch immer – bei uns verbreiten. Da halte ich klar dagegen: Unternehmen in unserer Branche, die ihre Hausaufgaben machen, sich vertriebs- und kundenorientiert aufstellen und Veränderungen mit ihren Teams aktiv und zielstrebig angehen, haben bei Weitem mehr Chancen als Risiken. So hat es dann eben auch Gründe, dass Außenstehende, die erstmalig bei unseren Veranstaltungen zugegen sind und ihre ersten Eindrücke von unserem NETZWERK aufnehmen, erstaunt sind über die positive, energiegeladene Atmosphäre. Das ist das, was ich unserer Branche mitgeben möchte. Weil es mir am Herzen liegt. Im Jetzt und Hier die Zukunft zu gestalten, dafür haben wir alle Trümpfe selbst in der Hand!

Dass es dann mal nicht passt und wir auch den einen oder anderen Kunden verloren haben, das lässt sich nicht ändern. Es ist ein Geben und Nehmen. Versuchen Sie, auf die Kolleginnen und Kollegen zuzugehen, offen zu sein – dann wird Ihnen Ihr Gegenüber auch mit aller Offenheit begegnen. Das ist meines Erachtens ein gutes Rezept, um an dem, was wir anbieten, zu partizipieren. Und das gilt in ähnlicher Weise für unsere Dienstleistungen.

So ist über die Jahre eine in der Fenster- und Türenbranche einzigartige Gemeinschaft von Firmen entstanden, an deren Spitze Unternehmer- und andere Führungspersönlichkeiten stehen, die open-minded und wissbegierig, neugierig und offen sind und den Blick zielstrebig und positiv nach vorne gerichtet haben. Wie gesagt, wir nehmen nicht jeden auf. Da bitte ich um Verständnis. Aber ich habe eben auch den Unternehmen gegenüber, die seit vielen Jahren und zum Teil von Beginn an den Weg im NETZWERK mit mir und meiner Familie gegangen sind, die Verpflichtung, darauf zu achten, dass der besondere Charakter dieser Verbindung erhalten bleibt. Und diese Verpflichtung nehme ich ausgesprochen ernst. Auch um nicht den Erfolg zu gefährden, den wir uns erarbeitet haben. Es gibt eben bei uns bestimmte Regeln, die freilich ungeschrieben sind. Aber nichtsdestoweniger Geltung besitzen. Das halte ich auch für legitim.

Wir gehen vielmehr davon aus, dass beides vorhanden ist und das Gegenüber mit der Zeit ein Gefühl dafür bekommt, wie wir miteinander umgehen – und dass unserer Fensterbaufamilie einige gemeinsame Werte zugrunde liegen. Dabei sind wir immer wettbewerbs- und marktorientiert. Keine Frage, etwas anderes würde man mir auch nicht abnehmen. Aber dennoch oder gerade deswegen sind die Menschen im NETZWERK mit Freude bei der Sache. Und natürlich sind unsere Kooperations- und Fensterbaupartner an Win-win-win-Situationen interessiert. Wie sie sich zuhauf ergeben, wenn man erstmal mit interessanten Menschen auf Augenhöhe ins Gespräch kommt.

Die Märkte halten immer wieder spannende Wendungen für uns bereit. Nehmen Sie das Thema Urbanisierung, über das vor zehn Jahren alle gesprochen haben. Und natürlich wird in attraktiven Metropolen wie Hamburg, Berlin oder München nach wie vor verdichtet – was nebenbei bemerkt durchaus seine Marktchancen beinhalten kann, wenn man dafür aufgestellt ist. Aber vor allem sehen wir längst wieder den gegenläufigen Trend. Nämlich, dass viele Familien und auch wohlhabende Singles der Stadt den Rücken kehren und zurück aufs Land gehen. Dafür müssen Strukturen geschaffen werden, von der Mensa für die Ganztagsbetreuung bis zu entsprechenden Wohnobjekten.

Fensterbaubetriebe, Hersteller von hochwertigen Haustüren und Spezialisten für Sonnenschutz stehen vor interessanten und auch lukrativen Herausforderungen. Dass es gesamt gesehen nicht immer nur in eine Richtung gehen kann, was die Nachfrage anbelangt, ist nicht nur logisch. Es ist für gut geführte Unternehmen verschmerzbar. Mein Rat ist immer, behalten Sie die baukonjunkturelle Entwicklung im Auge. Aber nicht um in operative Hektik oder gar Panik zu verfallen.

„Für meinen Bruder Thomas und mich hat Oliver Frey mit seiner Erfahrung neuartige Wege durch sein konzeptionelles Coaching aufgezeigt. Damit können wir uns gezielt in unserem wichtigen Marktsegment dem Objektgeschäft weiter erfolgreich positionieren."
Marcus & Thomas Lütje
Geschäftsführung FenTech GmbH

Analysieren Sie, was im Markt gefordert ist, welche Chancen das beinhaltet und wie Sie sich aufstellen, um diese zu nutzen. Wir unterstützen Sie gerne. Aber nur als NETZWERK Partner. Und dann tritt genau das ein, was sich in der Vergangenheit vielfach gezeigt hat. Dann kann das vermeintliche Schreckensszenario – partielle Nachfragerückgänge und Seitwärtsbewegungen im Markt – sich für die, die präpariert sind, zur opportunen Gelegenheit entwickeln, um Marktanteile zu gewinnen. Weil eben nicht alle präpariert sind oder auch schlicht ausreichend Substanz mitbringen. Entscheidend ist also immer, was man aus der gegenwärtigen Situation macht. Aus Angst vor sinkenden Erträgen Fortbildungen zu streichen, ist kein gutes Zeichen. Vom Signal an die Mitarbeitenden abgesehen. Aber auch bei gut laufenden Märkten, wie wir sie die letzten Jahre in einer vergleichsweise stabilen Lage hatten, ist entscheidend, wie man damit umgeht. Und dann kann man schwerwiegende Fehler machen, die einem nach kurzer Zeit auf die Füße fallen.

Was mich zu einem meiner Lieblingsthemen führt, dem viel zu einseitigen und wenig durchdachten Aufbau von Produktionskapazitäten. Wir hatten das Thema, nur so viel: Angebot und Nachfrage bestimmen den Preis. Es spricht also in rationalen Grenzen nichts dagegen, anstelle der Investitionseuphorie in Fertigungsanlagen, deren erträgliche Auslastung mit den vorhandenen Strukturen vertrieblich oft gar nicht darstellbar ist und mit Blick auf die notwendige Auslastung zulasten auskömmlicher Preise geht, dem Kunden auch mal zu sagen: Wir machen das gerne für Dich, aber Du musst die eine oder andere Woche länger warten. Bestellen Sie mal heute, in der auslaufenden Corona-Pandemie mit der ganzen Computerchipproblematik, einen Porsche. Um nur ein Beispiel zu nennen. Die Leute warten teilweise ein Jahr länger als vereinbart.

Ja, glauben Sie, dass Porsche deshalb sagt: Wir gehen mit dem Preis runter? Oder wir investieren mal schnell in neue Fertigungskapazitäten oder kaufen die Chips zu überteuerten Preisen ein, die wir nicht an Dich, lieber Autokäufer, weitergeben? Das wird natürlich nicht passieren. Und die Interessenten? Warten geduldig, bis sie an der Reihe sind.

Das mag für uns, die wir seit Jahrzehnten eigentlich nur den Überfluss gewohnt waren, eine neue Erfahrung sein. Der Attraktivität des Produkts, ja der Wertschätzung, die ihm entgegengebracht wird, tut es mit Sicherheit keinen Abbruch. Im Gegenteil. Wer sagt denn, dass wir mit unseren Leistungen permanent verfügbar sein müssen?

Immer greifbar ist nur das, was im Überfluss vorhanden ist. Und das wirkt sich bestimmt nicht nachhaltig positiv auf die Wertentwicklung aus. Hier hat unsere Branche wirklich Nachholbedarf. Zu oft habe ich erlebt, dass in Phasen mit mehr Bautätigkeit und in der Folge gestiegener Nachfrage wie in den Jahren nach der Wiedervereinigung ohne großes Nachdenken und fehlende Anbindung an die übrigen Abläufe im Betrieb Kapazitäten aufgebaut wurden. Damit hat man sich in guten Zeiten die Probleme für die dann folgenden, nicht mehr so rosigen Tage bereits erschaffen.

Halten Sie die Wertschätzung für Ihre Produkte hoch.

Lassen Sie uns lieber am Wert unserer Produkte, unserer Leistungen arbeiten. Vertrieblich gesprochen. Das ist nämlich die Investition. Habe ich, vielleicht auch weil ich dem Druck nach größeren Produktionsumfängen nicht sofort nachgegeben habe, wie oben beschrieben die Wertschätzung für meine Erzeugnisse – Fenster, Türen, Sonnenschutz – hochgehalten, dann profitiere ich davon gerade dann, wenn bei anderen die Preise purzeln, weil sie sonst ihre Überkapazitäten in ruhigeren Phasen nicht auslasten können.

Wann kommt bei mir, werden Sie sich jetzt vielleicht fragen, eine ruhigere Phase? Ich weiß es noch nicht. Im Moment ist das NETZWERK noch Ausgangspunkt und zugleich Ziel aller meiner Überlegungen und Pläne. Dabei versuche ich immer, mich nicht zu verzetteln. Denn Wachstumsoptionen gab es auch immer mal außerhalb meiner Branche, jenseits der Bauelemente. Denn was seit 2013, vor allem auch dank aller unserer Partner, die mir das

Vertrauen gegeben haben, in unserer Fensterbaufamilie entstanden ist, hat andere hellhörig gemacht. Es hat mich natürlich gefreut, dass immer mal wieder – bis heute – Vertreter anderer Wirtschaftszweige auf mich zugekommen sind mit dem Hinweis, auch ihre Branche würde sich nach einem solchen Zusammenschluss sehnen. Meist verknüpft mit der Frage, ob ich nicht Konzeption und Umsetzung übernehmen wolle. Das habe ich bis jetzt abgelehnt. Möchte es aber als Wachstumsperspektive für das NETZWERK nicht ausschließen. Denn, wie gesagt, wir haben die nächste Generation am Start. Mein jüngster Sohn Niklas und mein Neffe Jannik bekommen von mir alle Chancen, durchzustarten.

Und ich traue es ihnen zu, wenn sie hungrig bleiben. Denn diesen Hunger bekommen sie nicht mit ihrem Universitäts- oder Hochschulabschluss ausgehändigt. Der muss woanders herkommen, von innen. Wenn das dauerhaft der Fall sein sollte, ist es natürlich eine Frage der Zeit, bis sie die Führungsaufgaben im NETZWERK übernehmen. Und dann vielleicht sogar für sich feststellen, dass sich das, was wir für die Fenster-, Türen- und Sonnenschutzbranche aufgebaut haben, auf andere Bereiche übertragen lässt.

Ich persönlich habe immer noch jeden Tag Freude an dem, was ich tue. Dabei wäre es schön, wenn wir fokussiert an unseren Perspektiven und unternehmerischem Setup arbeiten würden, statt uns mit den aus meiner Sicht oft mutwillig verbreiteten Negativvorhersagen zu beschäftigen.

Wenn schlechtes Wetter angesagt ist, ziehe ich mich entsprechend an und nehme einen Schirm mit. Bevor ich aber nur deshalb leichtfertig meine Pläne ändere, macht es Sinn, auch einfach mal selbst aus dem Fenster zu schauen. Und das ist das, worum es mir geht: Nicht hinter einer mehr oder minder präzisen Prognose sollte ich mich als Unternehmer verstecken. Sondern die Dinge in meinem Marktumfeld genau analysieren und für mich die richtigen Schlüsse daraus ziehen.

Der Markt bewegt sich in Richtung Sanierung? Dann ist es gut, wenn ich Lösungen für den daraus resultierenden Bedarf habe. Allenfalls Strukturen und Abläufe unter diesem Aspekt optimiert und meine Vertriebsteams entsprechend geschult habe. So konsequent wie in der Anlagentechnik, bei der ich manchmal das Gefühl habe, das Geld sitzt beim einen oder anderen Unternehmer – vielleicht auch aus steuerlichen Gründen – zu locker, so wichtig ist es in allen Unternehmensbereichen, auf der Höhe der Zeit zu agieren. Daher erwarte ich von einer guten Führungsetage, dass das regelmäßige Arbeiten an der Qualifizierung meiner Beschäftigten und auch das permanente Updaten meiner Ziele und Strategien, um diese zu erreichen, selbstverständlich sind.

> „Durch das fachspezifische intensive Coaching mit unserer Geschäftsleitung konnte uns Oliver Frey als Branchenexperte direkt unterstützen. Wir haben uns dadurch positiv weiterentwickelt und maßgeblich davon profitiert."
> Klaus Gayko
> Geschäftsführer GAYKO Fenster-Türenwerk GmbH

Wenn ein Handwerker auf die Baustelle kommt, braucht er das richtige Werkzeug, um die an ihn gestellten Anforderungen bestmöglich zu erfüllen. Das gilt auch auf unternehmerischer Ebene. Wenn sich die Rahmenbedingungen ändern – und das tun sie laufend – muss ich überprüfen, welche Anpassungen erforderlich sind, um best-möglich für die jeweilige Marktsituation aufgestellt zu sein. Das ist das eine. Das andere ist, dass ich gut beraten bin, meine Mitarbei-terinnen und Mitarbeiter in diesen ständigen Anpassungsprozessen kommunikativ mitzunehmen. Sonst, um im Bild zu bleiben, kommt der Handwerker zwar mit dem neuesten Akkubohrer auf die Bau-stelle, weiß aber nicht, wie und wozu er ihn einsetzen muss.

Zudem bedeutet, schlecht zu kommunizieren, schlicht, Potenzial zu verschenken. Nur bei einer wirklichen Teilhabe der Mitarbeiterin-nen und Mitarbeiter an dem, was im Unternehmen passiert, kann ich realistisch erwarten, dass sie mindestens auch persönlich Anteil daran nehmen und sich, im Optimalfall, sogar selbst aktiv einbrin-gen. Dann machen Sie den Unternehmenserfolg auch bei Ihrem Personal zum Anliegen, weil die Menschen, die für Sie arbeiten, sich dann als Teil von etwas fühlen. Sonst sind sie teilnahmslos und dann auch, eigentlich logisch, ein Stück weit gleichgültig.

Heute führe ich, indem ich meine Kooperations- und Fensterbau-partner bei den angerissenen Transformationsprozessen begleite und sehr intensiv mit der Konzeptionierung unserer einzigartigen Veranstaltungen in der Fenster-, Türen-, Sonnenschutzbranche befasst bin. Im Moment denke ich nicht ans Aufhören, auch wenn der Moment irgendwann gekommen sein wird.

Aber solange ich weiter Freude als Impuls- und Ideengeber habe, werden wir alle gemeinsam unser NETZWERK weiter voranbrin-gen. So haben wir ganz neu als dritte Sparte die Montagepartner integriert, da das Thema Montage unsere Branche in den kom-menden Jahren auch aufgrund des wachsenden Sanierungssektors

definitiv weiter intensiv beschäftigen wird. Mit starken Montage-
partnerunternehmen wollen wir insbesondere unsere Fensterbaupartner im NETZWERK unterstützen, die im Objektgeschäft aktiv
sind. Davon werden aber auch unsere Kooperationspartner profitieren, die heute und in der Zukunft innovative Produkte für unsere
Montagebaupartner anbieten. Wieder mal eine Win-win-win-Situation für alle Partner im NETZWERK.

Ich empfinde es als Glück, mit und für so wunderbare Menschen
in den Unternehmen tätig sein zu dürfen, und das gibt mir Energie. Deshalb gehen mir auch die Ideen nicht aus. Das ist wirklich
so. Wenn ich mal zwei Stunden den Kopf freihabe, in denen ich
mich nicht um die vielen kleinen Dinge kümmern muss, sprudeln
die neuen Ansätze aus mir heraus. Ich habe mich oft gefragt, woran
das liegt. Denn natürlich bekommt man am Rande mit, dass es nicht
immer und überall so weit her ist mit der Abwechslung. Meine Erklä-
rung ist wirklich die innere Verbindung zu dem, was ich tue. Manchmal entstehen daraus magische Momente. Darauf komme ich gleich
noch zu sprechen. Ich möchte aber auch nochmal sagen, dass ich
einfach dankbar dafür bin, meine Bestimmung gefunden zu haben.

Der Vertrieb ist
meine Leidenschaft.

Sicherlich: Ohne Fleiß kein Preis. In meinem Umfeld wissen die
Menschen nicht nur, dass mir nichts zugeflogen ist und dass ich
mir immer wieder viel abverlange. Sie wissen auch, und zwar abgesehen von allem Materiellen, welchen Stellenwert, welche Bedeutung das NETZWERK für mein Leben hat. Der Vertrieb ist meine

Leidenschaft. Er hat mich mit so vielen Menschen zusammengebracht. Natürlich auch in der Rivalität, wie sie zum Beispiel während meiner Zeit bei KBE zwischen den fünf Regionalverkaufsleitern stark ausgeprägt war. Aber hat mich das belastet, ist dieses Wettkämpferische, das heute manchmal dämonisiert wird, etwas Schlechtes? Ich denke nein, so lange bestimmte Spielregeln eingehalten werden. Mich hat das immer gekitzelt, angetrieben, starkgemacht. Vielleicht müssen wir dahin auch wieder mehr zurückkommen. Was die Generationen vor uns aufgebaut haben, ist durch großen Einsatz entstanden. Ich für meinen Teil will hinterher sagen können: Du hast alles für den Sieg getan.

Und wenn es dann so weit ist. Ich die Zusage oder noch besser die unterschriebene Vereinbarung habe, dass sich ein Kooperations- oder Fensterbaupartner einlässt auf unser gemeinsames Lebensabenteuer NETZWERK, dann habe ich da immer dieses „Döp döp döp" aus der berühmten Scooter Nummer „Maria (I like it loud)" auf den Lippen. Das ist unser interner Code für den Erfolg, seit ich damals meine Frau nach dem zweiten Messetag auf der Bau-Messe vom Hotelzimmer in München aus angerufen habe. Ich führe mir dieses Gefühl auch heute noch vor Augen, das sich sicher wiederholt hat, häufiger seither. Aber damals war es eben etwas ganz Pures.

Und dann kommt das, was ich meine, wenn ich sage, es gibt so etwas wie Fügungen. Von Herbert Grönemeyer gibt es die Zeilen „Wir warten immer zu lange. Die Zeit rennt weg, wir müssen's angehn". Das war stets Programm für mich, nicht passiv zu sein, sich zu trauen, zuzupacken. Herbert Grönemeyer habe ich als junger Mann auf der ISPO in München getroffen, als ich in der Textilbranche tätig war. Später dann, zu KBE-Zeiten, in Berlin Harald Juhnke, der sich in einem bestimmten großen Hotel zu späterer Stunde gerne ans Klavier gesetzt und wunderschön „My Way" von Frank Sinatra gesungen und gespielt hat.

Das sind so Begegnungen, die für mich immer eine Bedeutung hatten. Vor ein paar Jahren waren wir von einer lokalen Sendeanstalt, an deren Spendenaktion ich mich mit NETZWERK immer beteilige und für die ich gespendet hatte, danach als Dankeschön zur Spendengala eingeladen. Ich bin also hingegangen, habe unseren Scheck überreicht und von der Übergabe die üblichen Fotos mit der Moderatorin gemacht. Sehe ich da nicht plötzlich H.P. Baxxter am Tisch sitzen, den Frontmann von Scooter. Sie wissen schon „Döp döp döp". Da musste ich einfach hingehen: „Tut mir leid, ich muss Sie jetzt ansprechen." Er sagte ganz locker, wenn dann bitte „Dich ansprechen". Darauf ich: „Ich muss Dir unbedingt erzählen, dass Du mit Deiner Musik bei uns zuhause sehr präsent bist."

Als ich ihm die Geschichte mit den Neukunden berichtet habe, die wir immer mit seinem berühmten „Döp döp döp" feiern, hat er gelacht und gesagt: „Das ist wirklich verrückt." Und das passt irgendwie auch auf das, was ich die letzten 35 Jahre erleben durfte. Deswegen: Habe ich Stress? Nein. Habe ich viel zu tun? Zum Glück ja, und ich bin noch nicht satt. Es wird ganz bestimmt der Punkt kommen, an dem ich mal den Fuß vom Gas nehme. So oder so. Aber im Moment kann ich das noch nicht, obwohl ich mein Ziel einer gewissen materiellen Unabhängigkeit erreicht habe. Aber das ist es eben: Natürlich hatte ich meinen Antrieb, wollte mir Dinge leisten können. Und das kann ich. Aber die Menschen, mit denen ich zu tun habe, die ich dabei unterstütze, ihre Ziele zu erreichen

– und manchmal auch dabei, ihre Ziele zu finden – oder für die ich mir Veranstaltungskonzepte überlege, die das Angenehme mit dem Nützlichen verbinden, die sind mir längst viel zu wichtig geworden, als dass es nur um finanzielle, materielle Dinge gehen würde. Das ist vielleicht eine persönliche Entwicklung.

So ist mir im Laufe der Jahre klargeworden, dass es am Ende um mehr geht. Darum, dass ich gerne Spuren hinterlassen möchte. Nicht in der Form, dass sich die Menschen in unserer Fenster- und Türenbranche in 50 Jahren an Oliver Frey erinnern würden. So eitel bin ich nicht.

Nein, ich sehe das, wie es meinem Naturell, meiner Herkunft entspricht, handwerklich, bodenständig. Denn Sie als zum Beispiel Fensterhersteller, als Produzent edler Hauseingangstüren, als Lieferant von funktionalem, ästhetischem Sonnenschutz, Sie hinterlassen doch etwas Bleibendes mit Ihren Produkten. Etwas, an dem die Menschen in vielen Jahren, 2055 oder 2060, noch ihre Freude haben werden. Die Menschen, die die von Ihnen gefertigten Bauelemente in ihren Häusern, ihren Wohnungen nutzen. Vor allem wenn sie mit den entsprechenden Mehrwertfeatures verkauft wurden, das kann ich mir nicht verkneifen.

Und so sehe ich das auch für das, was ich Anfang 2013 mit null Kunden in Angriff genommen habe, für mein NETZWERK. Denn die Idee, dessen bin ich sicher, wird überleben. Menschen zusammenzubringen und gemeinsam mit ihnen an ihren Stärken zu arbeiten, damit das, was sie zutage fördern, am Ende auch den verdienten Wert erhält, ist zeitlos.

XIII. Der Mensch Oliver Frey Teil 2

Persönliche Fragen und ganz intime Antworten zu seiner Denke und seinem Seelenleben:

Was würden Sie aus heutiger Sicht rückwirkend anders machen?

Ganz wenige Dinge, weil ich mit mir und meinem Umfeld im Reinen bin. Ich denke, ich hätte mir immer wieder mehr Zeit für meine Kinder nehmen sollen, als diese noch intensiver meine väterliche Nähe gebraucht hätten. Ich habe aber immer alles getan, um meinen Kindern eine optimale Ausgangsbasis für ihre zukünftige Entwicklung zu geben. Deshalb würde ich unter dem Strich wenige Punkte aus heutiger Sicht anders machen.

Wie würden Sie mit drei Eigenschaften Ihren Charakter beschreiben?

Ehrlich, ehrgeizig, verbindlich.

Was ist Ihre größte Stärke mit einem Satz?

Ich bin ein Menschenfänger wie meine großen beruflichen Vorbilder.

Welche Ziele haben Sie noch für Ihr weiteres Leben?

Natürlich Gesundheit an erster Stelle und dann einfach jeden Tag ein Lächeln auf den Lippen, um mit Spaß und Freude weiter glücklich durchs Leben zu gehen.

Wofür wollen Sie sich in der Zukunft mehr Zeit nehmen, wenn Ihre Nachfolgegeneration fest im Sattel sitzt?

Zusammen mit meiner Frau Tanja und unseren wenigen guten Freunden schöne Stunden verbringen, verreisen und mich in meinem Golfspiel deutlich verbessern.

Einfach das wertvollste Gut nach unserer Gesundheit, meine mir verbleibende Lebenszeit sinnvoll nutzen und immer mit Spaß in den Tag starten.

Was vermissen Sie manchmal in unserer schnelllebigen Gesellschaft?

Den Respekt im Umgang miteinander und die Einsicht junger Generationen, dass Erfahrung durch nichts zu ersetzen ist.

Wofür stehen Sie mit Ihren Werten als Mensch und Unternehmer?

Für Wertschätzung, Vertrauen und Mut in unseren täglichen Herausforderungen, um abends mit einer inneren Zufriedenheit einschlafen zu können.

Haben Sie noch Träume, die Sie sich erfüllen möchten?

Ja, ich würde gerne mit meiner Frau Tani eine längere Weltreise machen und weitere Abenteuer erleben. Ganz nach meinem Coachingmotto, auf eine Reise zu gehen, um neue Erfahrungen zu sammeln, die einen im Leben wieder ein Stück weiter voranbringen. Wie gesagt, niemals stehen bleiben.

Was macht Sie besonders stolz?

Dass ich meinen Traum täglich leben darf und ich eine gewisse materielle Unabhängigkeit erreicht habe, die mir eine glückliche Zukunft ermöglicht, wenn weiter das gesamte Umfeld passt.

Was ist Ihr Traumberuf, Herr Frey?

Den habe ich schon. Unternehmer mit meinem NETZWERK sein und Vertrieb leben. Ich liebe meinen Beruf.

XIV. Mein Powertool
aus „Verkaufen heute"

Vier Begriffe begleiten mich während meiner beruflichen Laufbahn. Heute verrate ich Ihnen, welches Erfolgsrezept sich dahinter verbirgt und woran ich mich in meinen Coachings messen lasse. So bleiben Sie langfristig erfolgreich im Vertrieb.

Motivation = Visionen umsetzen

Ein wichtiger Punkt, der letztlich den Unterschied markiert zwischen Machern und Träumern. Jeder Mensch, heißt es in der Werbung, hat etwas, das ihn antreibt. Am Ende sind Sie es, der entscheidet, inwiefern Sie Getriebener bleiben. Oder den Stier bei den Hörnern packen und ihr Schicksal in die eigene Hand nehmen.

Leidenschaft = Die Kraft kommt von innen.

Persönlich finde ich es schade, dass wir in einer Zeit leben, in der es manchmal als verpönt gilt, sich bestimmte, auch materielle Ziele zu setzen. Wie eine bestimmte Urlaubsreise, einen besonderen Einrichtungsgegenstand oder ein Fahrzeug. Allerdings kommt die Kraft, sich für derlei Ziele einzusetzen, immer aus einem selbst heraus.

Ehrgeiz = der Fokus auf den Erfolg

Für mich gibt es nichts Geileres als den Erfolg. Dafür bin ich bereit, bis an die Grenzen zu gehen. Denn: Das Gefühl, wenn man das, was man sich vorgenommen hat, erreicht hat, lässt sich durch nichts ersetzen. Es gibt mir – und vielleicht auch Ihnen – eine tiefere, innere Befriedigung. Und natürlich möchte ich das nicht nur einmal erleben. Deshalb machen wir weiter, stimmt's?

Freude = mit Spaß Ziele erreichen

Gerne heißt es ja: Der Weg ist das Ziel. Ich liebe, was ich tue. Aber der Weg ist immer von seinem Ende her definiert. Ich gehe nie einfach nur los. Sondern habe stets mein Ziel vor Augen. Nur so bin ich in der Lage, zu erkennen, was mich dem Ziel näherbringt – und alles andere, was mich dabei stören könnte, packe ich beiseite. Spaß zu haben, kann also auch bedeuten: Weniger ist mehr, fokussiere Dich auf Deinen Weg zum Ziel!

Wie sieht er aus, der individuelle Weg? Mein Kurzrezept für jeden Tag – 10 Punkte, bitte schön:

1. Mut
2. Strategie
3. Ziele
4. Struktur
5. Ideen
6. Veränderung
7. Plan
8. Lösungen
9. Entwicklung
10. Zeitmanagement

Moderner Vertrieb: Neu geht immer vor Alt

Die Königsdisziplin des Vertriebs ist die Neukundengewinnung. Lassen Sie sich nichts anderes erzählen. Sie wollen sich und Ihr Unternehmen – ob als Unternehmer im Unternehmen, als angestellter Geschäftsführer oder als Inhaber – weiterentwickeln? Dann brauchen Sie neue Kunden. Nicht um jeden Preis. Aber auf jeden Fall und zu einem guten, nämlich auskömmlichen Preis.

Wenn Sie im Vertrieb Verantwortung tragen, gibt es dazu keine Alternative. Sich das klarzumachen, ist meines Erachtens, der erste Schritt auf dem Erfolgsweg. Ich muss mein Ziel schon kennen, darf es nicht verwässern, wenn ich ihm näherkommen will. Vertrieblicher Erfolg, das heißt, zu verkaufen. Ohne Wenn und Aber.

→ Deswegen, unabdingbar: 30 Prozent des täglichen Handelns widme ich der Neukundenakquise. Nicht dem Streicheln von Bestandskunden, keinem Papierkram und nicht der Verwaltung: Ich verkaufe. Punkt.

Woher kommen diese 30 Prozent meines Zeitbudgets. Ganz ehrlich: Das Geheimnis heißt Ehrlichkeit mit mir selbst. Warum? Jeder, der das genau analysiert, wird bei Pareto und den gleichen Mengenverhältnissen landen: Mit 20 Prozent meiner (Bestands-)Kunden hole ich 80 Prozent des Umsatzes. Nämlich mit den so genannten Potenzialkunden, das kennen Sie aus jeder Vertriebsschulung.

Schlussfolgerung: Kundenbetriebe – wir nennen diese auch Bedarfskunden – die weder hinsichtlich ihrer Betriebsgröße und Ausrichtung noch mit Blick auf die zukünftig zu tätigenden Umsätze in Verbindung mit neuen Chancen gesteigertes Interesse an Entwicklung erkennen lassen, können wir nicht dauerhaft zeitintensiv betüdeln. Mangels vertrieblicher Perspektive. Entwickeln wir also die 20 Prozent der Kunden, die Potenzial haben, und konzentrieren uns ansonsten auf die Kunden von morgen.

Deshalb empfehle ich zur täglichen Organisation auch auf ein persönlich und individuell abgestimmtes Zeitmanagement zu setzen. Damit schaffe ich mir Freiräume und genügend Zeit für die Neukundengewinnung.

Keine Sorge: Ich sage, wer seinen Kundenstamm sauber analysiert und sich dabei ausschließlich vom Umsatz- und Ertragspotenzial leiten lässt, der wird die erforderlichen Ressourcen dafür erschließen können, ohne mehr Zeit als bisher zu investieren. Nebenbei bemerkt, wird er in der Akquise mehr als bisher den Kopf frei haben für das Wesentliche, selbst an den erzielten Erfolgen partizipieren und sein Unternehmen voranbringen.

Daher, noch einmal: Hören Sie auf, für Kunden, die sich nicht mehr entwickeln lassen (wollen), den Betreuer zu spielen. Das mag vordergründig bequem sein. Aber niemandem ist damit gedient. Machen Sie Schluss mit diesen Gewohnheiten. Schauen Sie hin, was wo bzw. mit wem umsetzbar ist – und handeln Sie entsprechend. In Ihrem Interesse, im Interesse der Neu- und Potenzialkunden und im Interesse Ihres Unternehmens. Sie werden sehen, was das auch an neuer, positiver Energie freisetzt.

10 Dinge, von denen wir uns schnell befreien sollten:

1. Gewohnheit
2. Komfortzone
3. Routine
4. Tagesablauf
5. Angst
6. Bequemlichkeit
7. Selbstzweifel
8. Hoffnung
9. Stress
10. Aufgeben

Ich möchte Ihnen aufzeigen, wie Ihr Erfolgsweg aussehen könnte. Wenn Sie bereit sind, den ersten Schritt zu gehen. Ich verspreche Ihnen: Schon nach kurzer Zeit, wenn die Dinge sich verselbstständigen und ins Laufen kommen, folgen die nächsten Schritte, ohne dass Sie noch groß darüber nachdenken. Der Grund ist so einfach wie unstreitig: Erfolg macht Spaß!

Nutzen wir unsere Chancen, stellen wir das Risiko hinten an. Was ist damit gemeint? Letztlich geht es um die Sichtweise: „Das Glas ist halb voll". Achten Sie mal darauf, ganz bewusst, in Ihrem Alltag, wer Ihnen mit positiver, wer mit negativer Energie begegnet. Es ist an Ihnen, die Schlüsse daraus zu ziehen. Denn: Jeder ist seines Glückes Schmied. Wenn Sie im Verkauf Gas geben, alles daran setzen, die Unterschrift bzw. den Auftrag zu bekommen – und dennoch scheitern: Dann riskieren Sie, enttäuscht zu werden. Ich übertrage das mal auf eine andere Lebenssituation: Wenn Sie Ihren Traumpartner bzw. Ihre Traumpartnerin, der/die Sie noch nicht wahrgenommen hat, im Restaurant, in der Diskothek oder im Museum sehen, aber nicht ansprechen, weil Sie nicht riskieren möchten, enttäuscht zu werden, dann besteht nicht nur die Möglichkeit, dass nichts daraus wird. Es besteht sogar keine Möglichkeit, dass etwas daraus wird – oder andersherum: Es ist ausgeschlossen. Also: Nehmen Sie sich selbst nicht aus Furcht vor den Risiken die Chancen, die Sie haben. Die jeder hat.

Lassen Sie uns neue Wege gehen und alte Pfade verlassen. Nicht umsonst heißt es, jedem Ende wohne auch der Zauber eines neuen Anfangs inne. Hören Sie auf, den Status quo zu verwalten. Ich persönlich wollte immer vermeiden, dass ich mir später einmal eingestehen würde müssen: Du hast nicht alles versucht. Kostet das nicht viel Energie, heißt es dann immer. Ich würde es umdrehen und sagen: Ich lasse es zu, dass neue Energie entsteht. Ohne jemandem zu nahe zu treten: Aber schauen Sie sich viele Leute, deren Leben in den immer gleichen Bahnen verläuft, an und fragen Sie sich, ob die besonders viel positive Energie verströmen. Ich denke, Sie wissen, was ich meine. Rufen Sie Ihr Potenzial ab, nehmen Sie Veränderungen in Angriff. Sie werden vielleicht überrascht sein, wenn Sie feststellen, wozu Sie in der Lage sind.

Arbeite niemals umsonst. Was nichts kostet, ist auch nichts wert. Das hat etwas mit Selbstachtung zu tun. Und natürlich beim Gegenüber, der vielleicht ohne Scham nach einer gratis erwarteten Leistung fragt, mit mangelndem Respekt. Ich habe die Erfahrung gemacht: Wer die eigene Arbeit respektiert, der respektiert auch die Arbeitsleistung anderer. Machen Sie vor allen Dingen nicht den Fehler, gerade solchen Menschen ihren Willen zu geben, die ganz offenbar gar kein Problem damit haben, andere auszunutzen. Es ist ein Trugschluss, zu glauben, dies würde honoriert. Konzentrieren Sie sich darauf, entwicklungsfähige Kunden bestmöglich zu unterstützen; nämlich mit Mehrwert, der dann auch als solcher erkannt und bezahlt wird.

Treffen Sie Entscheidungen schneller. Ein ganz wichtiger Punkt. Im amerikanischen Sprachgebrauch gibt es die Redewendung „Better Done Than Perfect". Gemeint ist, dass mit dem Verweis auf deren Wichtigkeit und den hohen Anspruch viele Entscheidungen so lange aufgeschoben werden, dass es bisweilen schon gar keine Rolle mehr spielt, wie sie letztendlich ausfallen. Weil andere wesentlich schneller entschieden und sich dadurch „entschiedene" Vorteile im Markt gesichert haben. Tatsächlich führen zu viele

Abstimmungen bisweilen dazu, dass das Tempo verschleppt wird. Holen Sie Expertise ein, wenn Sie das Gefühl haben, dass Sie eine zusätzliche Einschätzung benötigen, ja – aber dann: Entscheiden Sie! Wenn Sie in der Verantwortung stehen, ist genau das – natürlich die für Sie wahrnehmbaren Faktoren mit der gebotenen Sorgfalt abwägend – schließlich Ihre Aufgabe.

Schnell frisst Langsam – nicht Groß frisst Klein. Natürlich geht die schiere Betriebsgröße mit der theoretischen Möglichkeit einher, bestimmte Dinge am Markt durchzusetzen. Und sei es manchmal auch über den Preis. Genauso klar ist aber, dass unter Berücksichtigung des vorgenannten Punktes Konzernstrukturen zum Teil (zu) lange Entscheidungswege mit sich bringen. Geht es darum, in eine neue Technologie einzusteigen? Dann sind mittelständisch aufgestellte Betriebe oft eher dafür prädestiniert, voranzugehen. Agieren Sie immer im täglichen Handeln und reagieren Sie nur so wenig wie möglich. Dann haben Sie die große Chance, den berühmten Schritt dauerhaft voraus zu sein.

Den Spaß und das Lachen immer im Gepäck zu haben, ist nicht nur ansteckend und sorgt um Sie herum für eine positivere Stimmung. Es signalisiert dem Gegenüber auch: Da ist jemand mit sich im Reinen. Offenbar ist er bzw. sie mit dem, was er/sie tut, glücklich. So auf andere Menschen zu wirken, ist gar keine schlechte Eingangsvoraussetzung, um miteinander ins Geschäft zu kommen. Es hütet vor allem aber auch Sie selbst, sich von kleinen, am Ende unbedeutenden Misslichkeiten des Alltags von Ihrem Weg abbringen zu lassen: nämlich mit Zuversicht und positiver Energie nach den Win-win-Situationen Ausschau zu halten – oder besser noch: diese aktiv herbeizuführen – die Ihren Kunden und Sie gleichermaßen voranbringen.

Keine Ausreden: Lassen Sie uns nicht nach Ausreden suchen, die begründen, warum etwas (angeblich) nicht geht. Sondern nach Wegen, die zur Lösung führen. Tatsächlich bin ich überzeugt, dass sich viele – auch im Vertrieb – selbst die Chance auf Erfolg verbauen. Indem sie den einfacheren Weg gehen. Erkennbar ist das daran, dass sich Menschen mit einem solchen Mindset schon im Vorfeld Erklärungsansätze und Alibis zurechtlegen, die ihnen vorgeblich den Druck, performen zu müssen, nehmen sollen. Sie bewirken aber etwas höchst Schädliches: Nämlich dass die Niederlage im Grunde von vornherein nicht nur als Möglichkeit zugelassen wird, sondern auch noch Akzeptanz findet. Man hat ja eine Entschuldigung. Und mit dieser Herangehensweise eigentlich schon verloren, bevor das Verkaufsgespräch beginnt.

Immer offen für Neues sein: Das beinhaltet vor allem die Einstellung, sich eine gewisse Neugierde, Aufgeschlossenheit, auch Aufmerksamkeit zu bewahren. Weil man sich jeden Tag verbessern kann. Weil es immer Menschen oder Lösungen gibt, die es wert sind, dass man genau hinsieht. Um für sich das zu adaptieren, was einen weiterbringt. Beispiel Vortrag: Auf einem Kongress oder einer Schulung finden sich immer Teilnehmerinnen und Teilnehmer, die sehr schnell mit der Aussage bei der Hand sind: Das lässt sich so auf die Situation in unserem Betrieb nicht übertragen. Ich sage dann: Das mag sein. Liegt aber dann möglicherweise auch an fehlender Veränderungsbereitschaft. Gemeint ist: Egal, wie punktgenau ein Tool oder Tipp auf die eigene Situation zugeschnitten ist, umsetzen muss ich es schon selbst. Und das ist, allenfalls in Teilen, auch beinahe immer möglich.

Erfolg ist planbar und kein Zufallsprodukt. Hier geht es mir um den Helikopterblick, den ich nach über drei Jahrzehnten in unserer Branche habe, was betriebliche Abläufe angeht. Und der zeigt meist recht schnell, ob Dinge in Unternehmen konsistent auf allen Ebenen umgesetzt werden. Oder das Ganze ein Flickwerk ohne ganzheitliche Strategie ist. Konkret: Sie wollen sich einen neuen Absatzkanal erschließen? Dann sollten Sie zunächst den Marktbedarf erfassen und sich selbst fragen, ob Sie im Unternehmen die richtige Sortimentsstruktur für den neuen Markt haben, ob Sie eventuell fehlende Komponenten – wie eine hochwertige Aluminiumhaustüre – mit Ihren Fertigungsabläufen selbst herstellen oder ökonomischer zukaufen – und dann natürlich, ob Sie die vertrieblichen Strukturen mitbringen, um im neuen Marktumfeld nachhaltig erfolgreich zu sein. Bis hin zum Marketing gilt es, die Entscheidung in allen Unternehmensbereichen mit geeigneten, zielorientierten Maßnahmen zu unterfüttern. Nur dann kann sich Erfolg einstellen.

Am Ende zählt die Unterschrift – verlieren Sie niemals Ihr Ziel aus dem Blick. Auch davor ist man nicht gefeit. Fast jeder von uns, nicht nur im Vertrieb, hat schonmal erlebt, dass ein Gespräch eine zunächst nicht vorhersehbare Wendung nimmt, eine vollkommen ungeahnte Dynamik entfaltet. Gerade dann ist es wichtig, immer wieder seine Gedanken zu ordnen, sich in Erinnerung zu rufen: Was wollte ich eigentlich erreichen, was ist mein Ziel – und wie habe ich mir vorgenommen, dorthin zu gelangen? Sie tun sich damit selbst einen Gefallen, weil Sie nur so Herr der Lage sind und bleiben. Und sich nicht am Ende, wenn der Kunde ohne Unterschrift über alle Berge ist, eingestehen müssen, dass Sie sich haben mitreißen lassen und das Ziel dabei aus den Augen verloren haben.

Dieses Powertool aus meiner erfolgreichen Coachingreihe „Verkaufen heute" habe ich in vielen Jahren entwickelt und immer wieder verfeinert. Ich wünsche Ihnen viel Freude bei der Anwendung – und natürlich nachhaltigen Kundenerfolg.

Vergessen Sie nicht: Am Ende zählt Ihre Persönlichkeit. Ich freue mich, wenn ich Sie mit diesem Buch „Vertrieb leben und lieben – Oliver Frey und sein NETZWERK" mitnehmen konnte auf die Reise zu den immer wieder neuen Herausforderungen und Inspirationen, die im Verkauf auf uns warten. Machen Sie Ihren Kunden glücklich – dann sind Sie es auch.

In diesem Sinne wünsche ich Ihnen ganz persönlich und für Ihr Unternehmen alles Gute.

Ihr und Euer Oliver Frey

Nachwort

Dieses Buch zu schreiben, stand seit vielen Jahren auf meiner persönlichen Wunschliste. Für mich war klar, dass ich dieses Projekt zu einem bestimmten Zeitpunkt angehen werde. Jetzt, davon bin ich überzeugt, ist genau der richtige Moment gekommen, um mein Buch zu veröffentlichen. Es freut mich, dass mein persönliches Umfeld und meine wichtigsten Ansprechpartner in der Familie mich darin bestärkt und unterstützt haben.

Ich habe dabei wieder einmal viele neue Erfahrungen machen dürfen, für die ich dankbar bin, weil sie mich bereichert haben. Auch mein Sohn Niklas, der zusammen mit meinem Neffen Jannik in unserem Unternehmen NETZWERK seine Zukunft sieht, hat sich selbst eingebracht und das Vorwort übernommen. Danke für Deinen Support. Deine Zeilen haben mich tief bewegt.

Vor allem aber danke ich hier nochmal ausdrücklich allen Menschen, die in meinem bisherigen Leben an mich geglaubt haben, meinen Kunden und NETZWERK Partnern und meinen beruflichen Weggefährten, von denen mir viele seither auch freundschaftlich verbunden sind. Danke für die vielen unglaublichen Begegnungen, die ich mit großartigen und besonderen Persönlichkeiten erfahren durfte. Danke für die Kraft und Energie, die ich aus diesen Treffen mitnehmen durfte.

Es ist für mich nicht nur ein Buch. Es ist alles, wofür ich stehe. Es ist das, was bleibt. Der Vertrieb ist mein Leben und meine Leidenschaft. Ich bin mit Herzblut Unternehmer und Macher.

Ich hoffe sehr, Ihr alle konntet das spüren und fühlen in meinem Buch.

Mir ist es wichtig, nochmals hervorzuheben, dass man gemeinsam so vieles schaffen kann. Die Geschichte von meinem NETZWERK ist der Beweis. Und ich weiß – und sehe es jeden Tag – was in allen Branchen mit genau dieser positiven Energie zu erreichen ist. Lasst uns weiter daran arbeiten, Kunden, Mitarbeiter und auch Euch glücklich zu machen. Wer Vertrieb kann, ist genau das: Ein Glücklichmacher!

Danke an alle Helfer rund um unsere Familie, die bei unseren großen Events und Veranstaltungen seit vielen Jahren immer für uns da waren und sind. Ich müsste jetzt so viele Namen aufzählen und würde vielleicht jemand vergessen. Das wäre nicht ich und das wäre ungerecht. Deshalb lasst Euch alle ganz fest umarmen. Ohne Eure Unterstützung hätten wir es niemals geschafft, dort zu sein, wo wir heute sind.

Zum Schluss ein dicker Kuss für meine Tani. Ohne sie wäre unsere Erfolgsstory niemals möglich gewesen. Ich danke Dir für alles! Wunderbar, dass es Dich gibt. Du bist die Liebe meines Lebens.

Mit einem Lächeln im Gesicht
Ihr und Euer Oli Frey

P.S. Lieber Reinhold, danke für alles. Mit Deiner Unterstützung als Journalist, Beobachter, Branchenkenner und Begleiter in vielen gemeinsamen Stunden der Recherche hat mein Buch professionelle Unterstützung bekommen. Es ist deshalb so etwas Besonderes für mich geworden. Herzlichen Dank auch an Deine Frau Carolin, die das Lektorat großartig übernommen hat und die genau gespürt hat, welche Gefühle ich mit meinen Worten transportieren wollte. Eine tolle Partnerschaft mit Euch und unseren beiden Familienunternehmen.